现代建筑施工与造价

王 君　陈 敏　黄维华 主编

吉林科学技术出版社

图书在版编目（CIP）数据

现代建筑施工与造价 / 王君，陈敏，黄维华主编
. -- 长春 : 吉林科学技术出版社，2020.11（2022.3重印）
ISBN 978-7-5578-7891-7

Ⅰ. ①现… Ⅱ. ①王… ②陈… ③黄… Ⅲ. ①建筑施工②建筑造价 Ⅳ. ①TU7

中国版本图书馆CIP数据核字（2020）第216031号

现代建筑施工与造价

XIANDAI JIANZHU SHIGONG YU ZAOJIA

主　　编　王　君　陈　敏　黄维华
出 版 人　宛　霞
责任编辑　朱　萌
封面设计　李　宝
制　　版　张　凤
开　　本　16
字　　数　220千字
印　　张　10.25
版　　次　2021年3月第1版
印　　次　2022年3月第2次印刷
出　　版　吉林科学技术出版社
发　　行　吉林科学技术出版社
地　　址　长春净月高新区福祉大路5788号
邮　　编　130118
发行部电话/传真　0431—81629529　81629530　81629531
81629532　81629533　81629534
储运部电话　0431—86059116
编辑部电话　0431—81629520
印　　刷　北京宝莲鸿图科技有限公司
书　　号　ISBN 978-7-5578-7891-7
定　　价　50.00元

前　言

建筑工程在投资阶段需投入巨额的成本资金，这是工程项目顺利实施的基础。而施工阶段是成本造价消耗最多的环节，成本造价控制的重点也是在施工期间进行，把握搞好施工阶段的成本造价控制有助于提高建筑项目的经济利益。本书对施工阶段影响工程造价的主要因素进行了分析，探讨了建筑施工阶段造价控制的措施。

施工组织设计是工程投标价及合同价确定的重要依据之一；在施工过程中合同价格的调整也要根据施工组织设计确定，施工组织设计的优劣还直接影响工程的质量和进度。因此，施工组织设计审查环节的失控将会对工程造价的控制工作产生非常不利的影响。

施工人员是施工过程的主体，工程质量要受所有参加工程项目施工的工程人员的共同劳动限制，其人工费支出约占建筑产品成本的百分之二十左右。因此，应从人员费用支出方面入手，注重促进建筑质量和人工效率的综合作用。在确保质量的前提下，强化施工人员的质量成本管理培训，提高他们的质量意识，并采取相应的奖惩机制，激励、鞭策员工提高工作效率，在施工过程中严格执行质量标准和操作规程，保质保量地完成施工任务。

随着经济的发达，我国建筑施工市场竞争激烈，施工企业想要在激烈的竞争中脱颖而出，就必须控制施工成本，增加企业利润；另外，随着世界全球化经济，国内施工企业更是面临国际施工企业的竞争。因此，施工企业必须加强成本管理，进行建筑施工项目成本控制方式的探索、实践和创新，使成本控制贯穿于施工的整个过程和施工方案的各个方面，加强预算管理，切实提高工程项目的经济效益，形成企业发展的良性循环。

目 录

第一章　现代建筑

第一节　现代建筑理论

运用文献资料、逻辑分析等方法，通过对现代建筑理论的研究，分析了现代建筑新理论，提出了城市规划中要不断地融入多元化的现代建筑理论，丰富城市规划的内涵，将一个时代的风貌和精神潮流都融入进去，对城市规划保持既沉淀又继承的传承精神，是建筑形式呈现多元化的发展趋势。以期对现代建筑理论的内涵丰富提供围观的理论支撑。

一、现代建筑理论的发展

中国现代建筑理论与其他社会现象不同的地方，是它既体现了人们对自然界的认识和改造，因而必须服从唯物辩证法哲学思想，即自然辩证法规律的指导；又体现了人们对社会历史的认识和改造，因而又必须服从历史唯物主义哲学思想的指导。目前，国内建筑界，对我国现代建筑内容中的诸要素，即功能、技术、经济这三者的相互关系，基本上是这样的表述的：构成中国现代建筑内容的基本要素：①功能，它是中国现代建筑的目的；②材料、结构、设备、施工等物质技术条件，它是达到上述目的手段；③经济，它体现了国民经济和人民生活的现实水平。

二、现代建筑理论多元化

（一）功能主义

功能主义出现于19世纪80年代，由芝加哥学派建筑师沙利文首先提出。认为建筑的形式应该服从它的功能，在建筑设计中必须反映出形式与使用功能的一致性。

（二）国际式建筑

国际式建筑最早出现于1925年，由格罗庇乌斯编写的《国际化建筑》一书，书中搜罗了许多国家的新建筑，这些建筑均无视地形、气候、文化等因素，形象趋同，指出各国建筑师相互影响，在条件相似的情况下出现的一种彼此接近的形式和风格，是现代主义建筑刻意追求的目标。国际式没有自己的组织，却在许多著名建筑师的作品中得以体现，以技术代替艺术，认为美即功能，把使用者抽象为生理或物理意义上的人，以精确的类似外科手术式的精密手法对待建筑中的功能问题。忽视不同文化地域人的精神审美要求。导致国际式泛滥，又被称为方盒子建筑。

（三）可持续发展理论

“可持续发展”包括可持续性和发展两个基本概念。可持续性可以理解为人类对环境资源支配的可承受能力和承载能力。发展是指人类物质财富的增长、人们生活质量的提高。其实本质就是既要满足当代人的需要，又不对后代人满足其需要的能力构成危害的发展。可持续发展理论在建筑体系中的应用也被称为生态建筑，最早是在1975年6月斯德哥尔摩召开的联合国人类环境会议中提出的，当时由于人类进入工业化以来，依靠对自然界资源的无限制掠夺和以破坏生态环境平衡来发展经济，造成了环境恶化，从而引发了一系列危机，如温室效应、森林覆盖减少、水土流失、两级冰层消融、土地荒漠化、大气污染和淡水污染等等，都已经达到了相当严重的程度。可持续建筑的设计尤其注重考虑建筑对于自然环境的适应和影响，其理念就是追求降低环境负荷，与环境相结合，且有利于居住者健康。

（四）建筑文化理论

众所周知，文明指的是人类所创造的物质和精神财富的总和，因此，文化即是在民族和地域的发展中起到正面积极或者负面消极作用的因子，而建筑文化是文明文化范畴中对建筑物的含义界定，是建筑所体现的一种民族和地域历史的一种载体，例如民族遗留下来的语言文字、建筑、历史遗迹或者宗教信仰。

三、现代城市规划建设的新思想

（一）新城镇运动

新城镇运动起源于英国，出现于1898年霍华德在他的作品《明天：真正改革的和平途径》里表述的“田园思想”理念。霍华德认为，新城镇建立能使英国摆脱当时拥挤不堪的城市生活。因为城镇具有完整的社会功能，不但能为城里的居民提供足够多的工作机会，还有城市所缺乏的高空气质量和悠闲的生活节奏。城镇之间彼此分开，但又通过便捷的交通相互连接，形成一个环绕城市，并能满足城市人口所需要的资源的卫星城片区。

（二）城乡二元结构

1954年，阿瑟·刘易斯提出了二元结构理论，把国家的经济结构划分为资本主义与非资本主义，前者在生产中使用可再生产性资本，劳动的生产力较高；后者在生产中使用不可再生产性资本，劳动力隐蔽失业，劳动的生产力很低，甚至为零或负数。把经济发展看作城市资本吸收农业剩余劳动力的过程，并提出经济的发展是劳动力从农业转向工业的发展，从而导致了城乡的分化，形成二元结构，城市成为工业发展中心，而村镇则属于为城市提供服务的农业中心。

（三）现代建筑理论应满足城市规划

（1）在建筑功能上，一定要符合我国人民的生活方式及其物质文化现实需要。随着我国国民经济发展，人们对建筑功能的要求当会有所提高。

（2）在建筑技术采用上，同样必须立足于我国科学技术发展的现实水平，诚然，在建筑业中应当尽量多地采用世界上的新技术，当前，国际上正在出现一场新的技术革命。

（3）建筑经济问题，目前我国经济的现实是："我们面临着大规模建设任务，但资金不足，矛盾比较集中，这是我国经济发展中存在的突出问题。"其中"建设业经济效益如何，对整个国民经济关系极大"但是我们切不可把建筑经济问题仅仅理解为"片面节约"。建筑经济的基本问题，是以最少的人力、物力和财力，取得最大的经济效益。如果任意降低建筑功能标准和工程质量以及建筑技术要求，就只能是鼓励粗制滥造，将带来更大浪费。

由于人类思维方式的不同，对现代建筑理论的各种思路和各种方法也不尽相同，现代建筑理论的理解也是因人而异，对现代建筑理论的新意程度也是不一样的。在现代社会，建筑师所设计的建筑所承载的功能性意义也有所不同，公共建筑的内涵、意义和使用的范围也是不一样的。因此，我们应该顺应局势的创新思维，在运用传统良好的创作手法的同时要创新地吸收外来文化的营养部分，以求更完美的现代建筑理论。

第二节 现代建筑的再现性

现代建筑虽然出现在20世纪初期，但其源头可追溯到18、19世纪。现代建筑普遍否认以及减少建筑的再现性，本节从再现的角度呈现一个更加统一和连贯的现代建筑的历史脉络，有助于我们更好的理解现代建筑发展过程中"再现—真实"、"形式—功能"、"装饰—结构"之间关系的演变。

20世纪下半叶的众多现代建筑史学著作视野开阔，对现代建筑的认识更加宽容和多元。如彼得·柯林斯《现代建筑设计思想的演变》从浪漫主义、复古主义、功能主义和理性主义等方面论述了西方现代建筑思想的变化和形成过程；肯尼斯·弗兰姆普敦《建构文化研究》追根溯源，努力挖掘当代建筑形式作为一种结构和建造诗学的发展历史等。2010年，尼尔莱文（Neil Levine）收集整理了自己于1994-95年间在剑桥大学任艺术与建筑史教授时期的讲座，汇编出版了《现代建筑：再现与真实》（《Modern Architecture：Representation and Reality》）一书，首次研究了现代建筑复杂的再现问题，从再现的角度重塑了18-20世纪欧美的现代建筑史。

现代建筑在其从十八世纪到二十世纪后期的演变中，与历史和自然背景下的结构，材料，功能和程序的表达问题密切地联系在一起，现代建筑不断寻求更合理，更可靠和更相关的再现手段，为真实性概念赋予了新的含义。

一、建筑的再现

建筑学领域所探讨的“再现”的真正源头存在于文学与艺术理论之中，这一概念探讨的是人类的知识、语言、艺术能否或以何种方式“准确呈现”世界的真实面貌（真理、本质）的问题，与西方最古老的艺术理论即希腊人的“艺术乃自然的直接复现或对自然的模仿”的理论一脉相承，是西方延续时间最长的一种艺术概念。与传统的模仿论相比，再现论更符合美学思考的要求，因为它更多的是关心作为再现形式的艺术是如何来表征外在世界的，以及其内在的美学规律何在，这样一来，再现论将艺术品的判断转化为一个审美判断，而不是一种简单的相似或相像关系的评价。

再现概念在建筑中的讨论远不如绘画和雕塑中那么常见，与绘画和雕塑不同，建筑无法再现自然界中的具体形象，只能抽象的再现自然，再现自然界的基本逻辑。建筑的“再现”即是建筑师使用传统形式以及可识别的元素（如柱式等）来为表达目的创建建筑物，可以从两个层面考虑。其一是建筑的隐喻维度，通过建筑的外观表达其重要性，同时也是在 17、18 世纪区分“建筑”（architecture）与“房子”（building）的主要特征；其二涉及建筑的形式与结构，而不仅仅是建筑的外观，可被识别的元素代表对应缺少的真实的事物，使观察者相信代表性元素的真实，如采用装饰性的结构覆盖真实的建筑结构以表达其承载着的社会和制度，将建筑从普通的地位提升到具有特殊意义和权威的形象。

希腊罗马的古典建筑，通过比例和装饰再现自然或人体。文艺复兴时期的建筑形式以模仿古希腊的艺术形象为主，在相似的基础上进行美化，这一时期，再现作为建筑的一个基本问题被广泛讨论，“自然”和“历史”被纳入再现客体的基本主题。20 世纪早期西方纯粹抽象、非再现性艺术的兴起，对建筑的发展产生了强烈的影响，拒绝模仿，强调主观表现，再现在这一时间被赋予贬义内涵。自 20 世纪 20 年代后期以来的现代建筑史几乎都是基于抽象的目的论，然而自 20 世纪 60 年代后现代建筑运动的兴起，抽象与再现之间的明确区分已经破坏，到了 20 世纪 70 年代，随着后现代建筑运动的兴起以及视频、电影等媒介的参与，完全脱离古典模仿理论的再现概念才被广泛接受。

二、现代建筑的萌芽

18 世纪的英国风景园林的自由和随意性与早期意大利和法国建筑形式秩序之间的对比，被解释为拒绝现有的古典再现形式。其中，霍华德城堡的组合景观处理和建筑对 18 世纪早期建筑理念的变化产生影响，城堡内的建筑群以不同的几何形式、历史参照和类型对应功能需求，超越了古典建筑由柱式划分的等级秩序的限制。城堡的景观设计过程中将绘画作为建筑形式的操作工具，使建筑融合了绘画与诗歌的再现性，且通过自身的物质性与真实性有了一种现实优势，建筑不仅仅局限于对自然界和谐、秩序、对称的模仿，还可以再现自然，因此，建筑在再现性方面获得了与绘画等艺术平等的地位。通过绘画的模仿构建图像必然会牺牲一些建筑的真实，形式与真实之间的矛盾引发现代建筑的辨证观点，引出了如何找到建筑再现独立于绘画或雕塑，基于空间体验为基础的形式这一问题。

劳吉尔（Marc-Antoine Laugier）于 1753 年发表《建筑论》（Essai sur l' Architecture），谴责了 17、18 世纪巴黎的古典教堂的沉重与巨大以及表皮的装饰性，失去了艺术的原始纯粹性，认为是对当代建筑的一种讽刺。劳吉尔模拟了人类第一次的建造进程，提出了原始棚屋理论，并将原始棚屋作为建筑的起源。建筑的“本质”不仅是对建筑结构来说是必需的部分，还有构成建筑秩序的部分，如原始棚屋所包含的柱子、檐部、山花等，由此引出了结构问题。劳吉尔主张将原始棚屋作为建筑外部形式的原型，与哥特式建筑内部空间结合在一起，产生希腊——哥特式的理想建筑形式。

劳吉尔的再现理论，经由德昆西（Quatremeve de Quincy）等人的传播建立了一种严格的新古典主义形式，成为 19 世纪早期通用的建筑语言，提供了国际风格的基本原理。虽然大多数建筑师都将古典建筑奉为圭臬，但是早在人们普遍认识到复古主义和折衷主义已经成为建筑发展的障碍之前，一些理念超前的建筑师开始尝试突破传统建筑的束缚，探索新的建筑风格，布雷（Etienne-Louis Boullee）强调劳吉尔原始棚屋理论中的自然主义，对建筑形式进行几何抽象，索恩（John Soane）和辛克尔（Karl Friedrich Schinkel）从建构的角度出发，解释劳吉尔的棚屋理论，从而强调古典主义本身的结构逻辑，向新建筑迈出了最初的步伐。

三、“再现”的腐蚀

19 世纪 20 年代后期，在新古典主义消亡之后，建筑师面临的主要挑战是如何使基于历史风格形式的再现系统适应现代的结构和功能。勒杜（Viollet-le-Duc）提出建筑要从技术出发，使用现代技术，建筑需要一种 19 世纪的风格，而不是照搬古典形式，形式、功能、材料和结构应该相互制约影响，首次理论化了形式和功能相互依存的现代概念。

1871 年大火后，芝加哥城市重建，高层钢框架建筑大量建造，这种适应时代需求的建筑类型是建筑师遇到的全新课题。大多数建筑师希望可以让新的摩天大楼适应古典的再现性系统，以沙利文（Louis Sullivan）为代表的芝加哥学派提出“形式追随功能”，在新的材料与结构形式中获得新的形式，摆脱了历史主义的束缚，探索出适合当时条件的高层建筑设计手法，但是芝加哥学派的建筑师还没有摆脱装饰，即使是提出应该装饰的沙利文在实际作品中也使用装饰来美化建筑，他强调建筑物的垂直线条不是再现性的消除，而是当代再现性的发生。虽然芝加哥学派的探索向前迈了一大步，但是无论在理论还是在实践上都有待提高。

四、在抽象中重现的再现性

赖特（Frank Lloyd Wright）吸收和发展了沙利文“形式追随功能”的思想，认识到摩天大楼的“折中主义”的缺点。20世纪初，莱特对传统住宅进项大胆革新，创造全新的草原式住宅，表达时代和地点，空间取代结构和建筑秩序成为建筑表达的重点，这种空间概念腐蚀了传统的再现理念，消除了除几何与抽象以外的历史参照。1911年，赖特搬到威斯康星州中南部，建造自己的居所和工作室“塔里艾森”，这座建筑标志着他对建筑再现的思考发生了重大转变，在这里，建筑作为自然景观中的一个序列，与自然相互依存，模糊建筑与景观之间的界限，将建筑转向通过建筑与自然的关系表达空间，呈现出一种没有历史的再现性。塔里艾森再现了静态的自然，到了20世纪20年代，赖特开始对模仿自然随时间迁移而变化的动态效应感兴趣，流水别墅将自然表现为一种积极的，不断变化的现象。自劳吉尔以来，表达时间往往依赖于历史，通过对历史形式的重用唤起人们的时间感知，而流水别墅仅仅通过建筑与自然的有机结合再现了时间维度。

20世纪20年代，现代建筑的演变分为新传统和新先锋两部分，以赖特为代表的新传统的主要特征是对历史的新态度，接受再现性的基本概念；新先锋将工程学作为建筑形式几何抽象性的来源和解释，在所有的新先锋建筑师中，密斯（Mies Van der Rohe）获得了更大程度的抽象。在巴塞罗那德国馆中，没有对自然或历史模型任何明确的参考，结构被解读为平面和抽象线条组成的三维空间网络，明确的非对称平面布局以及解放的墙体体现出对古典再现理论的否定。而后，密斯将关注的重点从现代主义普遍关注的空间转向基本框架体系的交接关系，表明现代与传统的对立不必再以牺牲建筑的梁柱关系为代价，密斯使用标准工字钢将柱子作为空间边缘的抽象标记，而不是支撑的意向表达。密斯的工字钢并不再现它们之外的东西，技术将现代与历史上所有的时期区分开来，这个时代的内在结构出现了真正的建筑，工业机器为建筑提供了理想的形式。

与密斯不同，康（Louis Kahn）重新思考功能主义本身如何根据传统的再现性要求进行重新评估，康基于历史模型和类型学建立了一个先验的再现理论，面对一个项目，应该首先质问自己“空间想要成为什么”，然后“秩序”不期而至，最后才是外向的“设计”——即切实地把基地、结构、材料、预算和项目的特殊要求考虑进来。但是客户的需求往往会侵蚀方案首次提出的理想的再现表达，为了应对这种情况，康在方案设计初期将“妥协”纳入，在建筑物周围包裹废墟，并将废墟转化为一种未完成的状态。康对未完成概念的依赖使他能够接触历史框架，这使他能够重新构想再现的概念，同时不违反“装饰即罪恶”的现代建筑教义，将历史呈现为一种已经被抽象后的形象，建筑剥离了传统意义上“完成”的概念，减少为一种裸露的状态，用典型的现代性术语解决再现性问题。康“未完成”的抽象通过结构理性，以现实为基础的历史主义回归到现代建筑并与最早的“再现”产生联系，同时预示着新时代的来临。

我们究竟应该如何理解当代文化？如何认识当代建筑学纷繁复杂的风格并存现象？如

何处理建筑“再现”与“真实”之间的关系？通过对西方建筑学传统中的再现性思考与实践展开历史维度的研究，结合历史演进过程中再现的产生和发展来分析现代建筑的发展历程，在充分辨析了再现与真实的意义与关系之后，能够唤起建筑新的理解方式，帮助我们养成能够脱离浮华形象审慎阅读的能力。

第三节 现代建筑设计方法

建筑设计是建筑文化的重要内容，代表了一个城市的历史文化和经济文化水平。现代建筑设计方法的创新主要是针对现代化的建筑项目。通常，建筑设计在建筑施工的每一个步骤和环节中都能得到应用，只有具备了良好的建筑设计方法，才能保障建筑施工的顺利开展。本节对现代建筑设计方法的创新进行了探讨。

随着现代化建筑的不断发展和进步，创新成了现代建筑设计的一项重要元素，只有不断创新现代建筑的设计方法，才能推动建筑行业的发展。

一、现代建筑设计方法创新概述

现代建筑设计方法的创新主要是针对现代化的建筑项目。传统的建筑设计方法不具备现代化建筑设计的要求，因此不能满足人们对建筑的要求，如果不及时的改进和更新建筑设计方法，建筑设计人员将难以生存在这个行业中，因此，有必要改革传统的建筑设计方法。对建筑设计方法进行创新要按照新时期建筑的特点进行。建筑水平在一定程度上反映了国家的科技发展水平、建筑理念、历史文化以及经济发展水平。建筑设计是建筑文化的重要内容，代表了一个城市的历史文化和经济文化水平。当前，我国的建筑设计在全社会得到了广泛的重视，同时也提高了建筑设计的地位。因此，创新建筑设计方法，是我国经济社会发展的必然要求，符合当前建设设计发展的形势，采用现代化的设计指导理念，创新建筑设计方法，是当代设计师在设计中首要解决的问题。现代建筑设计是现代建筑过程的首要环节，也是建筑完全的必要条件，所以创新现代建筑设计方法对于建筑本身来说具有至关重要的作用。所以，研究如何创新现代建筑设计方法，不仅具有理论研究意义，还有重要的现实作用。

二、现代建筑设计方法的创新策略

（一）充分的利用新材料和新技术

随着我国建筑行业的发展，房地产开发商和设计者对建筑节能的方法在不断的探寻，同时聚氨酯墙体保温材料、热源水泵和节能窗等这些新材料和新技术也在不断出现，其在建筑设计中的应用越来越普遍，而且为节能建筑和零能耗建筑的设计和建设提供了保障。树状的幕墙体系是建筑外立面外层所使用的，其具有浪漫的风格，将呼吸式外墙系统应用在双层外墙之间，同时将气候过渡带设置在双层外墙之间，这样在处理过程中可以利用热交换的除湿的方法，通过各层窗户流通空气，最后其排出过程是利用屋顶的绿化来完成的，在整个体系中有效的融合了被动的节能措施和楼宇生态系统。

（二）融入智能化、数字化的元素

科学技术的发展带动了建筑工程的发展，建筑工程的设计也应该不断朝着智能化方向发展。建筑工程设计师在开展建筑工程设计时，应该尽量把智能保安、通信技术等多媒体技术融入到工程设计之中。除此之外，在开展建筑工程设计时，还应该考虑到建筑工程的实际情况，对建筑企业的能力和城市的发展环境等予以综合考虑，从而对建筑工程进行智能化设计。唯有如此才能够保证建筑工程设计不断朝着智能化的方向发展。智能化、数字化的设计需广泛应用到现代建筑的设计中去。许多的建筑设计都离不开计算机网络，可以利用智能保安保证建筑物的安全，通过智能检测调节建筑物的温度、湿度，数字化技术可以创造高科技的生存环境，通过计算机对数据及时准确的处理，可以创造虚拟的和现实的建筑物，改善居住环境，保证居民安全，也符合信息化时代的发展需求。

（三）注重设计和使用绿色建筑

绿色建筑是近年来逐渐兴起的一种生态化建筑模式，通过使用绿色建筑，可以使建筑在预期的寿命年限中，最大程度的节约能源，降低能源的耗费量，还可以保护生态环境，降低对环境造成的污染，这些都是绿色建筑设计中的重要指标。通常，绿色设计和环保设计是绿色建筑设计的两个重点。科学的运用环保型施工作业材料，可以将环保型材料的价值充分的发挥出来，而且还实现了施工作业材料的防水功能以及保温隔热功能，降低了绿色建筑材料的价格，保障了绿色建筑工程的质量，满足了人们对生态建筑项目的需求。当前，绿色节能理念在我国已经得到了广泛的推广，生态节约型道路是建筑设计的必然发展趋势，因此必须对环保、绿色建材进行大力推广以及实施，将绿色设计理念体现在建筑设计中。当前，建筑设计人员通过使用屋顶花园，使建筑项目中的能源消耗大大减少，充分发挥被动式能源系统的优势，降低建筑工程项目的温度，从而提高建筑工程项目的自然性和亲和性，极大地降低了建筑工程项目的热负荷。此外，在对绿色建筑进行设计时，要遵循因地制宜的原则，不能盲目的照搬现有的设计方法。我国地域广阔，分布了多个气候区，而且地理因素也存在很大的差异，这就导致不同地区的绿色建筑工程项目设计存在很多不同之处。因此在进行城市建筑设计时，必须对城市的气候环境等实际情况进行具体分析，不但要合理的应用被动式集热方式，还应充分的运用自然通风和自然采光，大大降低建筑项目在应用过程中的采光能耗和供暖能耗，提高建筑的运行效益。

（四）自然能源的使用

绿色建筑最大的特点是节能环保，如何在节能环保的同时，又满足人们对室内环境质量的要求，是评价一个绿色建筑设计成功与否的关键。光热转换是太阳能应用的基本形式，通过修建太阳房、太阳能地板辐射采暖技术，能够将自然的阳光转化为可利用的能源，从而完成太阳能在绿色建筑中的应用。如今我国百分之三十以上的绿色建筑都使用到太阳能空调，太阳能空调的优势在于可将自然资源转化为可利用资源，从而减少建筑每年能源的消耗，达到节能环保的目的。被动式太阳能房则利用了建筑的结构与布局，是太阳能在建筑节能应用的主要手段，同时被动式太阳能装置能够将采集来的能源进行储存，能够在冬季阳光较弱的季节，满足建筑物的采暖要求。地热能也是重要的自然能源，已经成为近未来建筑节能自然能源应用的发展趋势，主要源于地热能利用的廉价性，能够在短时间内获得居民的认可，利于推广，尤其在绿色建筑节能设计中，地热能的利用，能够有效的减少我国中南部以及北部地区的取暖问题，因此在业界得到了广泛的认可与使用。

综上所述，随着现代建筑行业的快速发展，人们对建筑的要求越来越高。现代建筑行业也面临着新的改革要求，创新现代建筑设计方式是一个必然的要求。

第四节　现代建筑设计风格的本土化

当前，我国建筑规模不断扩大，建筑设计的风格和格局也存在着十分显著的差异，这也在一定程度上影响了审美和艺术水平，其中建筑设计本土化发挥着重要的作用。本节就将重点分析现代建筑设计风格的本土化，以供借鉴。

起初，现代建筑设计来源于西方，在我国得以推广。从审美角度来看，中西方在现代建筑设计中均有优势，而中国现代建筑设计需积极发展本土化的建筑风格，以凸显中国建筑的独特魅力。

一、现代建筑设计“本土化”

本土化主要指现代建筑设计中融入当地的人文和历史元素，彰显独特风格特征。现代建筑本土化应用并非静态过程。建筑设计人员需严格遵照当前建筑设计的规范和要求完成设计工作，且设置实践体验环节，采取有效的方式以地域特点为基础完成设计工作。现代建筑发展中，社会环境的开放性明显增强，文化交融趋势显著，时代特色和时代气息尤为明显。在现代建筑本土化设计中，需全面考量自然及人文环境。自然环境主要包括气候条件、地形地貌和水文条件。人文环境则主要指历史文化和地域特色，其主要侧重于精神层面。

二、现代建筑设计风格本土化的总体思路

（一）以横向与纵向本土化为基础

色彩搭配是传统建筑文化的主要载体，这也在一定程度上展现了建筑的整体风格。传统的建筑设计中主要采用黄、白、黑、赤、青等颜色。传统建筑色彩搭配更加重视视觉感官刺激，将建筑与自然融为一体，在现代建筑设计中重新排列组合传统色彩，能够有效增强设计的整体效果。

（二）传统与现代、内与外的高度融合

现代建筑设计中普遍体现出内外结合、传统与现代结合的设计手法。我国本土化不是单一的固步自封，局限于本源性质的形式，而是植根于本国国情与民族传统，同样吸收西方的先进文明，不是简单的嫁接、拼凑，而是注重整体贯穿融合的方式。同时，在尊重昔日文明的基础上，利用时代进步的科技成果，既吸取传统精华，又灌输新时代特色。这些都是本土化在建筑设计风格中的革新与应用。在漫长的本土化建筑发展演进过程中，每个国家不同阶段的建筑风格也有着不同的本土化体现。

（三）实现人文情怀与工业文明的平衡发展

建筑发展的过程中，人们更加关注建筑功能的适用性及建筑周边环境的协调性。建筑与周边的环境逐渐形成了统一整体。在该完整的空间系统当中，群众可工作、生活、娱乐，始终保持相对稳定和平衡的状态。发达国家的工业和经济发展水平较高，初期建设的建筑风格相对生硬，容易给人以距离感。但是我国工业经济发展的稳定性较强，强调人文情怀与工业文明的协调发展。始终坚持以人为本道德理念，充分学习和借鉴西方的经验和教训，结合建筑功能和环境，采取不同的应对措施。比如，现如今形成的工厂、医院和物流站等多种建筑物，以及基于情感艺术建设的教堂和艺术馆。现代建筑设计风格除满足人类情感需求外，也需要满足人们的物质需要。本土化建筑风格成为建筑设计未来发展的主要趋势。

四、现代建筑风格本土化设计策略

（一）结合实际应用传统建筑材料

现代建筑设计中，设计者需积极发展并传承建筑文化，科学应用传统的建筑材料，转变建筑形式和工艺。当前，新型建筑材料类型较多，并在建筑设计中得以广泛应用，创新型材料以传统材料为基础进行创新，材料本身也体现出传统建筑文化的内涵。

社会文明发展中，不同类型的创新型建筑材料在建筑设计的过程中扮演着极为关键的角色，同时也在一定程度上取代了传统建筑材料。但是新型材料的发展并不等于完全不用传统材料，传统材料当中暗含了深厚的文化底蕴，这也是新型材料无法体现的独特优势。

再者，在传承本民族文化的过程中，虽然现代化的语言形式能够更好地展现文化特点，但是影响力十分有限。而科学应用传统材料则能够激发受众的情感共鸣。因此，建筑设计人员应合理应用传统建筑材料，正确认识和解读民族文化，以期更好地展现现代建筑的文化内涵与审美价值。

（二）利用本土文化符号，凸显地域文化的特征及内涵

文化符号能够清晰地表达事物，展现事物的内涵，使人们能够更加全面地认识现代建筑。本土文化符号在传统建筑文化中占据重要位置，而且其也是现代建筑设计领域中典型的艺术特征和文化元素。但现代建筑设计中，为将时代发展的主要特征与文化特点深度融合，需要简化和概括文化符号，一方面保留其最为核心的价值，另一方面也要融入地方特色，而后实现重塑，传承并弘扬本土文化，这也有利于提高现代建筑设计的综合水平。另外，在建筑设计的过程中，需充分体现本土文化符号的引申意义和艺术价值，全面把握传统建筑文化的内涵方可保证建筑设计的总体效果，全面满足城市发展的基本要求。

（三）正确认识传统形制，完善现代建筑的布局

形制从本质上来看即为形式模式，体现在建筑物上即指建筑物的物理造型形式及外观特征。其与本土文化符号的相似性较强，均为传统建筑文化中的主要内容。在现代建筑设计中，为更好地继承和弘扬建筑文化，设计人员要充分结合传统形制与现代思想，实现创新型拼接和处理，既要充分保留本土文化的精华，也需在现代建筑中应用不同以往的表现形式，将传统建筑文化与现代建筑设计有机结合。

（四）加强色彩搭配的合理性，展现建筑的主要特征

本节的研究目的是从企业生命周期的视角出发，实证检验碳信息披露对企业融资约束的动态影响，研究的关键之三在于对企业生命周期的划分。

（五）合理融入传统人文观念

传统文化十分关注人与自然的和谐相处，天人合一也蕴含了古老的智慧。现代建筑设计中，设计人员要在地域环境和建筑关系的层面采取人本理念，重视人文关怀，将天人合一的理念落到实处。不仅如此，现代建筑设计阶段，应将传统文化与建筑设计有机结合，凸显建筑的人文特征，真正实现自然、建筑和工艺的协调发展。融入人文理念后的建筑设计内涵将更为丰富。

五、现代建筑设计风格的本土化发展趋势

（一）渗透本土文化，构建特色建筑

在建筑设计的过程中，需充分融入当地的特色，全面展现建筑设计的个性化特征。具

有显著地域特色的设计融合了建筑设计与本土特色文化，也展现了本土文化和当地历史，继承、弘扬了当地的历史文化。目前，我国民族意识显著增强，因此，地域特色鲜明的建筑也受到了政府和有关部门的高度重视。群众也对此十分关注，这对我国地域特色建筑的建设与发展起到了十分积极的推动作用。地域特色建筑一方面可有效展现出当地的特色和习俗，彰显出当地的文化和历史底蕴，另一方面可为居民提供更加多样化的休闲和工作场所。不同地区的建筑特点有所不同，但其设计理念的相似性较强，在设计中均合理融入了本土特色和本土文化。

（二）开展个性化设计，促进建筑多样化发展

现代建筑设计风格本土化发展中，不仅要继承本土传统建筑的设计风格，而且也需高度关注建筑发展的丰富性与多样性。也就是说，在建筑设计风格本土化发展中，务必采取个性化设计手段，丰富建筑风格。

首先，在建筑风格本土化设计中，应与当地的风俗习惯和地域文化紧密结合，丰富建筑的功能和性能，以此实现风格的创新，更好地展现本土特色。如福州马鞍墙即为建筑设计与本土文化高度融合的典范。该建筑造型具有鲜明特色和较高的审美价值，同时也暗含了吉祥如意的内涵与寓意。

其次，在建筑设计的过程中，需在展现其世界性的同时，关注本土化、历史和现代的全面结合。在建筑当中根据地域特色和地方文化开展设计工作，能够更加深入地展现当地的人文和历史，实现本土文化的高效渗透。设计人员要在建筑设计中不断学习新的设计理念和设计思维，学习先进的设计思路和设计技术，从而在彰显建筑本土特色文化的基础上，融合现代元素。深圳的世界之窗就采用了这种设计方式，融合了自然风光、世界奇观和民族文化，真正实现了民族与世界的深度融合。

现代建筑风格本土化设计已经成为建筑设计发展中的主体趋势，其一方面能够促进建筑设计的创新与优化，另一方面也能够更好地传承我国的传统文化，为我国建筑行业的长期稳定发展奠定坚实的基础。

第五节　古建筑与现代建筑的融合

精巧的古建筑是中华民族文化的瑰宝，现代建筑能和古代建筑技艺相融合更是传统文化的一种传承。近日巴黎圣母院失火事件中世界闻名的瑰宝就此付之一炬，闻者莫不痛心，而传承非物质文化遗产，弘扬中华古建筑技艺是我们的历史使命和责任。古建筑与现代建筑的融合需要我们认真钻研，用心思考。本次研究从古建筑的设计理念和特点入手，探究古建筑与现代建筑的融合方式。

我国历史悠久，源远流长，衣食住行中的“住”演变最为繁复，从远古时代的穴居到

古代的木制厅堂再到现代的钢筋混凝土结构乃至钢结构，建筑行业不断变迁，历经时代的洗礼的同时也不断取得进步。我国幅员辽阔，各地风情迥异，建筑风格常常受到文化差异，观念不同等因素的影响而出现千姿百态的形式。在现代建筑中通过融入古建筑技艺的精髓不仅可以传承非物质文化遗产，也是弘扬中华古建筑技艺的一种途径。

一、古建筑的建筑形式、设计理念及特征

我国古建筑主要以木材作为建筑主材料，木材料取材方便，造型可塑性高，是非常好的建筑材料。中国古建筑以榫卯结构为结合方式，通过柱梁之间的“斗拱”搭接，使得结构稳定而完整。下面笔者从三个方面进行分析古代建筑的特点：

（一）古建筑的结构形式

我国古建筑通过木结构的组合完成大部分的建筑框架，在历史的变迁中，古建筑的结构形式也在不断演变，这些演变不仅反映着朝代的兴衰更替，同时也反映华夏民族的审美文化、风尚观念的变化。采用木结构进行设计，体现的是稳定性与灵活性相结合，木结构的韧性以及可塑性得到了长足的发展。

（二）古建筑的平面设计

古建筑的平面设计以立柱为主，通常以四个立柱为支撑系统，围成一个方形结构——间。并通过梁与梁的衔接组合成“开间”，其中“开间”数量为单数，呈对称形式。根据古代等级制度，有“三开间”“五开间”“九开间”等等。建筑开间数量越多，代表着地位越尊崇。在墙体和跨度方面，古建筑的墙体与现代建筑的墙体在设计形式上有着明显的差异，由于木结构本身的强度原因，在跨度上不能满足现代大型建筑的需求。

（三）建筑文化

由于古代建筑不能逾越建制，“歇山”“重檐”“斗拱”等建筑形式和构件只为君主或者宗教服务，民间则会采用精美雕刻的方式加以补充，在古建筑的门窗、梁枋上的体现最为突出。在满足构件的强度的条件下，适当地增加雕刻和色彩以彰显身份，这一文化充分体现出古代建筑的设计意图，由于文化内涵、文化底蕴的融入，更能体现古建筑的整体文化效果。

二、现代建筑的建筑形式、设计理念及新颖性

（一）以功能实用为主的现代建筑

现代建筑是第二次世界大战后，世界各国在历经战火的洗礼后百废俱兴，战后城市亟须进行重建的背景下蓬勃发展起来的。结合功能性的应用和城镇化发展的时代需要，在现代建筑中首先应具备的是完善的配套设施，有时为了避免出现不同程度的缺陷的情况，在

设计中通常采用多变形式作为基础，因地制宜发挥各自建筑形式的优势。很多情况下，在保证经济适用的原则下，通过建筑的表现形式来诠释文化底蕴。或通过对既有建筑进行改造来完善和更新建筑功能。

（二）通过设计方案来诠释理念

在东西方的设计理念中，融入本土文化，体现细节设计是每一个设计师应当具备的职业素养。在设计方案的需要彰显人文底蕴，同时又要确保建筑的可行性和稳定性这就对设计师提出了一个较高的标准。设计师通过设计方案来诠释设计理念，在方案的不断更新中进行了建筑文化的迭代，保证了设计和文化融合的一致性。

（三）现代建筑的新颖性

在现代，人们已经使用很多工具对建筑进行模型设计，例如：Auto－CAD、BIM 等，通过建立建筑的模型，对建筑进行可控化设计，完成建筑图纸的绘制，确保工程的顺利实施。但我国从近代建筑开始就已经借鉴西方的建筑设计理念，并在新中国成立后进行基础建设中形成了融合，主要代表有梁思成、林徽因、贝聿铭等建筑大师。而相对于古建筑来说，现代建筑的新颖性体现在新形式、新材料、新工艺的使用上，例如采用钢筋混凝土结构使得建筑高度不断攀升、使用新型环保节能材料使得居住更加舒适、利用新型工艺进行水下甚至海底作业。

三、古建筑与现代建筑的融合

在现代建筑中融合古建筑的工艺需要先了解古建筑的建筑精要，设计理念，结合方式等。在日常的设计中应尽量从全盘进行考虑，做到全面、协调、可持续。下面笔者就对古建筑与现代建筑设计的融合做个简单的分析。

（一）古建筑与现代建筑的主要区别

古建筑与现代建筑最主要的区别是建筑材料方面的区别。古建筑通常采用木质材料为主，在构件的组合中使用的是榫卯结合，现代建筑则以钢筋混凝土结构作为建筑的框架。钢筋混凝土结构的优点在于强度、刚度、耐久性等方面，但是可塑性和韧性方面比木质结构则存在着较大的不足。因此将古建筑与现代建筑进行融合，在建筑设计中取长补短具有非常深远的意义。

（二）设计师对于两种建筑在思想上的融合

古建筑与现代建筑要融合，必须先经过设计师们融合两种建筑的精华然后再行汇聚。首先就是两者在思想上的融合，在工程实施之前的阶段就是设计阶段。根据建筑的实际要求进行技术手段上的融合，同时也要考虑视觉效果和经济适用方面的融合，这就是最终诠释建筑师设计理念的奥义。

建筑师可以在后续的设计中灵活运用建筑形式、建筑工艺以及建筑美学的搭配。一个非常经典的案例就是世博会的中国馆。中国馆跨度大底座采用钢筋混凝土以达到结构的稳定功能，上部搭配钢结构进行造型塑造从整体上达到结构美学的演绎。中国馆的顶部采用56根衡量木进行设计，不仅映衬我国五十六个民族大团结，也借鉴了古建筑的设计精华——斗拱。在融入古建筑的元素后，建筑实现古今文化的交相辉映、和谐进步。

（三）古建筑与现代建筑的融合方式

古建筑与现代建筑融合的重点之一就是它们的建筑形式。现在国家大力发展旅游文化产业，许多地方开始修缮古建筑，兴建特色小镇。例如湖南湘西的凤凰古镇，小镇中很多古街的改造设计就体现了古建筑与现代建筑的融合。小镇的吊脚楼是以木质结构进行组合的，但是作为商业运营，木质结构的耐久性、稳定性则不能满足功能要求，因此在设计中进行现代工艺的加固和改造，如：采用钢筋混凝土基础。

在现代建筑的设计理念中，融入古建筑文化到整体规划中，不仅能保留原有建筑的结构体系，还能让游客在建筑中欣赏古代建筑的美，领略古代建筑的风光，感受古代建筑深厚的文化底蕴。

中国古代建筑和现代建筑在设计形式上进行融合的过程是古代传统文化的传承和发扬，在优秀的设计者的作品上尽量做到完美融合。在建筑设计的阶段，考虑建筑的整体形式和内涵意境，不仅要在前人总结的基础上进行发扬，更要进行自我创新。在现代建筑设计中应该吸取古建筑设计中的优点和精髓，做到古建筑与现代建筑设计理念的融合，进而促进建筑行业的创新发展。

第六节 现代建筑中框架结构设计

现代建筑中框架结构设计策略的有效实施对于建筑工程高质量建设完成具有重要意义。文章首先对现代建筑中框架结构特点做出阐述，然后对现代建筑中框架结构设计原则予以说明，对现代建筑中框架结构设计问题进行分析，最后针对问题产生的主要原因，结合实例，提出现代建筑中框架结构设计策略，希望可以对业内起到一定参考作用。

随着社会经济的快速发展与城市化进程的不断推进，我国建筑工程建设规模不断扩大，在现代建筑建设中，框架结构得到了广泛应用。

一、现代建筑中框架结构特点

随着建筑行业的快速发展，框架结构建筑数量逐渐增多，人们对框架结构建筑工程的关注度也在不断提升。通过对框架结构进行合理应用，可以让建筑工程空间得以节省，同时对室内设计具有积极影响。现代建筑中框架结构特点可以归纳为以下几个方面。

（1）现代建筑框架结构施工中原材料使用相对较少，可以让施工成本得到有效降低，并可以让建筑空间得到灵活划分。

（2）可以让建筑平面布置的灵活性、协调性得到保证，在一些空间相对较大建筑工程中，框架结构设计优势较为明显。

（3）梁柱结构标准化程度容易实现，可以在建筑工程质量得到保证的同时，缩短施工工期，进而保证施工进度计划全面落实。

（4）现浇混凝土框架结构建筑工程具有较高的整体性、刚性，利用科学设计方法可以多样化改造梁柱截面形状，让人们对结构设计多样化需求得到满足。

二、现代建筑中框架结构设计原则

（一）建筑结构设计原则

在现代建筑中，结构设计的主要目的是帮助建筑抵御自然界生成的荷载，同时服务于人类对空间的应用需求与美观需求，通常情况下，结构自身之美蕴含在建筑形象中。在现代建筑结构设计中，设计师应遵循一定的原则。

（1）应判断建筑可行性。通过分析、计算，提供给建筑设计师修改意见、条件意见，完成结构形式、结构体系确定工作。

（2）应对结构变形、承载力、稳定性、抗倾覆技术问题予以积极解决，对连接构造、施工方法进行细化处理。

（3）应保证空间结构承重体系、稳定体系的可靠性，保证建筑结构在日常荷载影响下具有平衡稳定性，同时可以对风荷载、地震荷载予以抵御，结构动力性能相对较好。

（4）现代建筑结构设计应遵循统一性原则，保证材料性能、结构形式高度统一，不同材料应具有差异化结构选型，提升整体合理性、经济性。

（二）框架结构设计原则

框架结构是建筑结构形式中的重要类型，在框架结构设计工作开展中，设计师应遵循以下基本原则。

（1）刚柔适度原则。建筑框架结构刚度如果过大，就会影响其整体柔韧度，柔度如果过大，就有可能导致框架变形情况产生。在建筑框架结构设计工作中，设计师应遵循刚柔适度原则，对框架结构刚柔度予以严格把控，保证刚柔度设计合理性、科学性，避免因外力影响让建筑工程受到损坏。

（2）主次分明原则。在框架结构中，不同构件具有不同作用，设计师应遵循主次分明原则，确保其整体结构具有良好的协调性、统一性，在外力作用影响下，建筑结构各构件依然能发挥其作用，共同形成对外力破坏进行抵抗的能力

（3）多道防线原则。设计师应在框架结构设计工作中遵循多道防线原则，一方面，

应保证建筑工程可以顺利投入使用，且使用寿命满足整体投运要求；另一方面，应保证在外力侵袭、破坏下，其整体结构与居民均具有安全性，让建筑结构外力抵抗能力得到保证。

三、现代建筑中框架结构设计问题

（一）民用建筑

在民用建筑框架结构设计中，当前存在的主要问题体现在以下几个方面：（1）在部分建筑框架结构设计中，存在缺少人性化设计。建筑结构框架设计科技投入过高，但是没有做到因地制宜、经济实用、就地取材，这会让整体成本加大，且会造成资源浪费问题。与此同时，在部分建筑工程中，存在技术大量引进，但是与实际需求偏离情况，如居住环境结构过于形式化，没有对当地土壤、气候条件予以考量等。（2）在民用建筑结构设计中，存在框架整体选材不合理现象。此类问题会对建筑框架产品综合质量造成不利影响，缩短建筑框架使用寿命。

（二）工业建筑

在工业建筑框架结构设计中，存在设计师考量不全面的问题。工业建筑框架结构设计、施工、使用、材料投入以及管理等内容具有密切联系，如果设计师没有对整体框架结构声明使用周期及建设全过程进行考量，就可能让其产生设计问题。与此同时，在现代工业建筑中，其施工过程中会有渣、烟、尘、毒、湿、噪声污染产生，如何在建筑中框设计中贯彻绿色环保理念，并以结构设计减少未来可能出现的污染问题是设计师需要考量的重要内容。

四、现代建筑中框架结构设计策略

（一）基本措施

在民用建筑框架结构设计中，应对技术、建材进行合理选择，控制成本投入，保证产出质量，让优良的室外环境与建筑室内环境得到有效结合，共同提升住户居住品质。在此过程中，设计师可以在设计方案中适当融入具有当地特色的元素，并积极使用当地特色建材。在工业建筑结构设计中，设计师应对材料选择工作予以严格开展，避免有偷工减料行为出现；与此同时，因对结构材料耐火等级、耐压等级进行全面分析，并积极使用吸声材料、绿色材料，为绿色工业建筑发展起到推动作用。

（二）案例分析

以建瓯家居建材生活广场为例。该项目位于福建省建瓯市，南临瑶坪路、北邻建瓯西站、东临站前路。该项目包含 1# ~ 12#，及 B3、B4 地块地下车库，其中 4#、5# 主楼部分为办公式公寓，1# 为红星美凯龙综合建材商场，其他楼座均为商铺式建材商店。此次项目负责 1#、2# 单体及北区地下车库结构设计，建筑面积约 6 万㎡，其中 1# 为大型框架结构。在框架结构设计工作开展中，设计师主要做好了以下基本工作。

（1）科学设置基础系梁。在建筑工程框架结构设计中，如果建筑工程基础埋深相对较大，那么设计师可以对基础系梁进行使用，让底层柱计算长度得以减少。如在 ±0.00 以下进行系梁设置工作，设计师可以依照一层框架梁进行设计，针对系梁以下柱，可以将其视为短柱进行处理。针对系梁截面高度，可以根据柱中心距 1/12 ~ 1/15 进行取值；针对构造基础系梁纵向受力钢筋，可以依照连接柱最大轴力设计值 10% 作为压力、拉力进行计算。与此同时，可以适当增加基础系梁截面，保证计算配筋数量可以让构造配筋要求、受力要求得到满足。也就是说，如果需要设置基础拉梁，应将其尽量设置在框架柱之间，若是墙体不在框架柱之间，那么可以使用素混凝土基础；如果不需要设置基础系梁，那么填充墙可以使用素混凝土条形基础。

（2）判定处理结构薄弱层。薄弱层主要指的是在强烈地震影响下，结构首先屈服，并有较大弹塑性位移出现的部位，在结构设计过程中，应保证此类部位承载力可以满足抗震要求。第一，薄弱层判断。在薄弱层判断工作中，现阶段，主要可采用计算判定、个人制定以及强制认定 3 种方法。如利用 PKPM 的 SATWE 软件，就可以结合个人经验，通过计算明确建筑工程结构薄弱层，在具体计算中，如果结构有转换层存在，竖向抗侧力构件非连续构件，那么会强制认为此层为建筑工程结构薄弱层。第二，薄弱层处理。为做好薄弱层处理工作，设计师可采用基本方法是增加整体抗侧移刚度，让该层梁截面、柱截面得以扩大。与此同时，如果整体条件允许，设计师可以采用改变层高、减少基础埋深的方法进行处理。在具体处理过程中，如果发现薄弱层无法避免，设计师应在结构计算以及结构出图过程中，根据科学规定，采取一定处理措施，计算薄弱层抗震剪力乘 1.15 放大系数，验算结构楼层屈服强度系数。依照构件实际配筋及材料强度标准值，可以完成楼层受剪承载力计算工作，依照计算结构与罕遇地震作用标准值，可以完成楼层弹性地震剪力比值计算工作。

（3）注重楼板开洞结构。在该工程项目中，设计师对楼板开洞结构计算工作给予了高度重视。现阶段，楼板开洞结构在我国建筑工程框架结构中得到了广泛使用，如果开洞面积在楼层面积的 1% ~ 30%，那么可以判定其为平面不规则形式，对此，应在计算时对软件进行合理选择。如在使用 PKPM 软件时，针对 SAT、TAT、IVE，就可以利用两种方式开展具体处理工作，TAT 软件应用中，会定义无楼板节点为弹性节点，说明此节点不会受到刚性楼板假定限制。通过对平面内刚度进行计算，可以保证结构设计与实际情况高度相符，在具体计算中，首先应对弹性膜或弹性节点予以正确定义，然后在后续计算工作中利用总刚计算法。

（4）处理框架梁柱偏心问题。在工程建设中，因为建筑专业需要，需要保证外墙和柱边平齐，在此工作中，针对框架梁设计工作，设挑耳和与柱偏心是设计人员的主要选择方向。如果选择设挑耳，那么需要确保框架柱中心和框架梁为中心对齐状态，让梁柱受力均匀，但填充墙上部纵筋、下部纵筋锚固工作存在一定困难；如果设置框架柱和框架梁偏心，那么在地震影响下，可能会出现梁柱节点核芯区受剪面积不足现象，进而对柱产生扭转情况，对此，设计师可以针对外框架梁利用设挑耳方法，让填充墙偏心问题得到有效解决。

（5）合理选用计算参数。在建筑工程框架结构设计中，设计师应对计算参数进行合理选用。结合该建筑工程项目，首先，设计师应重点选用梁扭矩折减系数，在现浇框架结构中，如果梁两边没有弧形梁、楼板，可以将其扭矩折减系数设为1.0；如果两侧有楼板存在，需要折减梁扭矩，一般情况下，其折减系数是0.4。其次，设计师应对梁端负弯矩调整系数及梁弯矩放发系数进行合理选用，避免因此产生材料浪费现象，并保证施工工作顺利完成。

综上所述，建筑工程结构设计师遵循刚柔适度原则、主次分明原则以及多道防线原则，通过科学设置基础系梁、判定处理结构薄弱层、注重楼板开洞结构、处理框架梁柱偏心问题以及合理选用计算参数的主要策略，可以让建筑工程中框架结构设计工作得以高质量完成。

第七节　现代建筑设计风格本土化

现阶段，现代建筑设计风格受到文化意识不断强化的影响，对本土化风格的设计更加重视，很多现代建筑都具有浓郁的本土文化气息，而且达到了与现代化时代气息的完美结合，主要介绍了现代建筑设计风格本土化的发展历程，进而分析了中国现代建筑设计风格实现本土化的措施与发展趋势。

一、现代建筑设计风格本土化的发展历程

新中国成立以后，国内百废待兴，一系列受到损坏的建筑都有待于恢复重建。在建筑人员的努力之下，被破坏的建筑得以恢复原貌，建筑的功能得以实现。北京儿童医院、北京百货大楼成为当时独具代表性的地标性建筑物。建筑人员通过一系列建筑手法与建筑技巧的运用，突破了经济物资条件的限制，通过细节的把握，在建筑设计中融入了民族的传统文化特色。通过不断地创新，避免了简单的模仿，凸显了建筑的色彩与意蕴。飞檐、青砖、水刷石、额枋、雀替、中国传统图腾纹理的应用，最大限度的凸显了中国的本土化特色。

二、现代建筑设计中本土化风格展现研究

（一）结合地区环境，注重文化传承

环境主要包含了历史、自然以及社会等三个方面的因素。现代建筑的设计需要灵感才

能实现，而环境正是人们创作的源泉，同时也是限制人们思维的一个方面。现代建筑在确定设计方案的时候，应该充分地考虑到建筑与环境所存在的联系，只有深入地了解了内在的联系，才能够以当前的实际情况来设计出更加符合本土化风格的建筑形式。现代化的社会中更加应该注意将自然、人文等融入建筑设计中，从而体现出独具特色的建筑风格，还要注重历史文化的传承与发展，可以更加全面的展现出本土化的特点。

（二）灵活应用本土文化符号，彰显地域文化内涵

本土文化符号是传统建筑文化最基础且最重要的内容之一，也是现代建筑设计领域最具代表性的艺术特征和最突出的文化元素。但是在现代建筑设计中，为了寻求不同时代文化特征的融合，会对本土文化符号进行概括、提炼和精修，在保留重要价值的基础上增添地方特色，然后重新塑造，实现本土文化的继承和传播，同时，还可完善现代建筑设计水平，突出内涵。此外，在建筑设计领域，应实现传统建筑文化的弘扬和传播目的，不能仅依靠设计的复古性特征和传统元素符号的重叠来达到目的，而是要全面体现本土文化符号的引申含义和艺术价值，只有切实掌握传统建筑文化的精髓和内涵，才能进一步强化现代建筑设计效果，满足城市发展建设的需求。

（三）深刻认知传统形制，优化现代建筑布局

从专业角度来说，形制的本质就是形式上的模式，也就是指建筑物宏观上的物理构造形式和外形特征，与本土文化符号类似，都是传统建筑文化的重要组成部分。在现代建筑设计领域，为推进传统建筑文化的继承和发扬，需要寻求传统形制与现代思想理念的有机结合，实现重新演化、拼接和处理，在保留本土文化精髓的基础上，通过全新的表现形式体现在现代建筑中，实现传统建筑文化与现代建筑设计的高度融合。

（四）合理搭配建筑色彩，突出现代建筑特征

在传统建筑文化中，色彩的搭配既是突出元素特征的载体，又是彰显整体建筑风格的表现手段。传统颜色多以黄、白、赤、青、黑等常用色彩为主，如紫禁城的朱楼绿阁、苏州园林的白墙青瓦、徽派建筑的白灰色搭配等。根据传统建筑色彩搭配可知，建筑装饰色彩的选用更加追求强烈的视觉冲击，强调与自然环境的协调统一。由此，将传统色彩重新排列组合应用到现代建筑设计领域，可进一步强化实际设计效果。

（五）体恤人的情感，制衡工业文明

随着建筑行业与建筑艺术的不断发展，在现代建筑设计过程中，人们越发的注重建筑与环境的协调性，注重整体空间系统的维系，在生态建筑理念的引领作用下，实现生态环境的保护，推动人类生产生活的协调与平衡。“冰冷建筑”、“世界风格”现象的产生正是现代建筑过程中人的情感与工业文明之间不相平衡造成的。为此在中国建筑设计过程中，要充分的注重人类情感与工业文明之间的相互平衡，要充分的分析中国传统礼教中的人文

精华，并结合西方先进的现代化建筑理念，取其精华，弃其糟粕，兼收并蓄，推陈出新。注重区分建筑设计的差异化，在医院、工厂等建筑物的设计过程中要充分的体现现代工业文明，而在公园、陵园等建筑设计过程中要充分地考虑人类的情感，通过人的情感与工业文明之间的相互平衡创造出具有中国本土化风格的现代化建筑设计风格。

三、我国现代建筑设计风格本土化的发展趋势分析

回顾我国建筑设计本土化的发展历程可以发现，我国的建筑设计师们的创作思想日趋完善和多元化，这归功于我国一代又一代的建筑设计师良好的传承和对于建筑设计的探索与进取精神，并在实践中不断积累、反思、总结、归纳，从而逐步明确建筑创作思路并形成了独特的建筑创作风格。在现代建筑本土化的创作过程中形成了自己的创作思想，本土化建筑与城市化的融合也取得了一定成就，但也要看到目前我国建筑设计面临的问题，在未来应进一步探索建筑与城市化的融合方式，将建筑设计与中国文化有机结合起来。中国建筑要想实现更加快速的发展就必须以本土化发展为契机，这条道路也是必然的选择。当前我国的建筑应该从西方建筑设计中吸取精华，并且与我国的文化为底蕴，结合我国实际情况，引入现代化的因素，利用传统文化的优势来进行转型，这样才能够积极的促进我国现代建筑更快的发展和进步。现代建筑要具备浓厚的人文主义色彩，同时还要具备较强的文化气息，从而为建筑赋予新的生命。

由于我国的现代建筑设计风格的本土化发展起步较晚，所以目前仍较发达国家存在一些差距，因此未来仍需将重点放在优化现代建筑设计风格与本土文化相结合的设计措施上面，同时加快理论研究。

第二章　现代建筑施工的基本理论

第一节　现代建筑施工现状

随着我国社会经济的不断进步，城市化的发展趋势明显加快，先进的建筑施工方法与技术也是前所未有的得到实施和应用，建筑施工迎来了较好的发展机遇，如何抓住这个机遇，在如今倡导的建筑节能大环境下，对建筑施工方法和技术进行革新，并将其运用到各类建筑项目中去，现已成为检验建筑项目优良与否的关键所在。

建筑行业为人类提供生存住宿，带动国民经济发展，是市场不可或缺的重要部分，也是现代社会进步和发展的标杆行业。随着社会的发展和人类生活质量水平的提高，居民对物质文化的需求也不断提高，建筑施工要根据专业的设计和管理来多元化、科学化的推陈出新。建筑业中存在一些问题：行业发展主要是外延性的增长，过多依赖外部投入、大量农民工的加入使技术人员的比例比较低、资本含量投入低，我国国民经济处于恢复发展期无法满足建筑业和社会对其的巨大需求等。

一、我国建筑施工技术的发展现状

近年来，我国建筑施工技术得到了飞速的发展，这就在一定程度上推动了我国经济的健康发展，建筑施工技术包括基础工程施工技术、钢筋工程技术、建筑混凝土工程施工技术和建筑防水技术。

基础工程施工技术的发展现状在桩基技术的发展上，已经有了多桩型系列，成桩技术也得到了一定的完善，在一般的建筑施工过程中，都存在着挤土效应与噪声污染的情况，为了减少这类污染，混凝土预制桩的使用也越来越少，混凝土灌注桩得到了一定的发展，该种技术能够应用在不同的地质条件之中，也能够满足不同地基承载力的实际需求。但是在深基坑支护技术的发展方面，我国的技术环节还较为薄弱，在施工、计算与监测方面距离其他的发达国家还有着较大的差距。

钢筋工程技术的发展现状我国钢筋工程技术在近几年也有了较大的发展，其中具有代表性的就是电渣压力焊与气压焊，这两种技术有着施工工艺简单、施工速度快、成本低廉、操作方便的特征，在我国的建筑工程中已经得到了大范围的推广与应用。与此同时，钢筋预应力技术也得到了一定程度的发展，劲性钢骨架结构与钢结构也越来越成熟，也能够承担一些超高层与大跨度的空间结构，已经基本达到了国际水平。

建筑混凝土工程施工技术发展现状建筑混凝土工程施工技术也得到了一定的进步，在模板工程方面，出现了一些新的支模方法，通过长期的工程实践，各种以水平模板、全钢大模板与竖向模板等为主的支模工艺也越来越先进，其中，全钢大模板的表面平整光洁、成型质量高、刚度较大，能够承受较大的压力，应用范围也更加的广泛。目前，我国国内主要使用竹胶合板模板与木胶合板模板体系，水平模板体系应用的较少。现阶段下市场主流体系主要是木胶合板模板和组合钢模板，使用量都较大。此外，在社会的发展下，混凝土工程的发展速度也十分的惊人，混凝土技术也从传统用的强度为中心转化为新型的耐久为中心，在高强高性能混凝土、预拌混凝土与混凝土原材料等方面都得到了一定的进步。

建筑防水技术的发展现状建筑防水材料已经得到了翻天覆地的变革，防水施工也逐渐朝向冷作业方面发展，各类高分子化学材料的应用范围也越来越广泛，就现阶段来看，防水技术包括两种，即屋面防水与地下外墙防水，技术人员在传统防水技术的基础上，根据防水材料的发展特征，也开发出了一些新的设备与技术。

二、我国建筑施工技术的发展方向

施工管理专业化的发展。随着新型施工技术在我国建筑工程中的大量引进，施工管理专业化的发展成为必然的趋势。一般说来，施工管理的管理是一项技术性的工作，在这种管理工作中，基于岗位的性质，施工管理要求技术人员应有相对的稳定性。施工管理人员的素质直接决定施工管理工作的质量，且建筑工程项目管理人员的技术水平应比一般的社会组织的技术水平要高、要更专业化。因此，在未来的发展中，积极适应形势发展的要求，创新人才引用机制，减轻专业人才的责任制压力，采取相应的扶持政策，公开招聘具有高学历、高素质、有经验的专业施工管理技术人才，不断地充实建筑工程管理队伍的技术力量，我国的施工管理必将朝着更专业化的分向发展。

绿色节能施工技术的普及。随着施工技术的大力发展，在施工中必将提出以“绿色施工、环保节能”的新型施工理念。这种绿色施工技术的引进，可以从根本上推动了建筑企业的可持续发展。在施工中，以绿色节能施工理念和技术作为施工指导，将节约水电资源、土地资源、建筑材料等方面的内容融入到施工中，同时还引进了很多资源的再利用观念。另一方面，绿色节能施工技术在一定程度上保护了城市的环境。在施工中，避免了施工扬尘、噪音以及生态环境破坏，最大限度的对开挖路面、植物移植、固废弃物等问题进行了解决，保障了城市的和谐发展。因此，在我国，绿色节能施工技术将会很快被运用到施工中。

建筑施工的法规标准和制度将会更加完善。在建筑行业中，要推动新技术的发展，建筑施工的法规标准和制度就必将得到完善。在施工中，只有不断地完善优化施工和新技术的运用的法规标准和制度，明确监督主体进行严格执法，才能更有效的推动建筑施工技术的大力发展。在现阶段，新技术虽然在我国施工中得到了一定的运用，改善了工程质量，有效地缩短了工程周期，但国家对于规范建筑施工技术的规章制度建设还不是很完善。在施工技术的发展中，有关部门必定要建立完善的施工的法规标准和制度，进一步量化新技术施工的评价指标，完善评价制度。另一方面，还要建立健全的责任制度，加强责任落实。

建筑工程的监理体制将得到有效地运行。在施工技术的发展中，必将得到有效的监理，才能保证施工质量的提高。我国虽然实行了监理体制，但我国的监理体制却是政府监督、社会监理和承包商自我监督三方面结合的全面的监理体制。这种建立体制不能独立于业主和承包商之外，准确的维护双方的真正利益。另一方面，监管机构对于建筑工程的施工的检查并没有实行全方位的动态监测。这种检查模式次数有限、深度不够。因此，在施工过程中，加大力度建立有效的工程监理单位，建立具有独立性、社会化、专业化特点的专门从事工程建设监理和其他技术服务的组织，从宏观上和微观上，加强对工程施工质量的管理是施工技术发展的一大趋势。随着改革开放的近 20 年发展进步，我国的施工企业和建筑业也在大踏步地进步，建成了大批规模、轻型、精密设备现代化的建筑物。不仅对施工质量和速度的要求越来越高，在此基础上经济效益也稳求增长，建筑技术上也上升到新的台阶。经济的发展、科技的进步、城市规模的扩大都支持和要求建筑施工行业的更稳、更快发展，开拓技术新领域，认清目前建筑施工技术的发展现状和存在的问题，精准把握其发展方向，利用先进的建筑施工技术、减少施工中的失误、保障工程质量和规模的科学化，努力为推动我国建筑技术早日达到国际发达水平做出新贡献。

第二节　现代建筑施工的新技术

随着科学技术的快速发展，更多的建筑施工新技术运用在现代建筑施工中，推进了建筑施工水平的提升，而建筑施工企业也必须要依靠新技术提升自身竞争力，在日益激烈的竞争中占有一席之地，使企业本身得到最大的发展。

近些年来随着建筑业产业规模、产业素质的发展和提高，我国建筑业取得不错成绩，但目前我国建筑技术的水平还比较低，建筑业作为传统的劳务密集型产业和粗放型经济增长方式，没有得到根本性的改变。在建筑工程领域加快科技成果转化，不断提高工程的科技含量，全面推进施工企业技术进步，促进建筑技术整体水平提高的唯一的途径就是紧紧依靠科技进步，将科学的管理和大量技术上先进、质量可靠的新技术广泛地应用到工程中去，应用到建筑业的各个领域。

一、我国当前建筑施工新技术

随着科学技术的不断发展，建筑施工技术也得到了不断地提升，由原来单一的技术发展成多元化的施工技术，已经达到一个比较成熟的水平。尤其是近年来科学技术日新月异的发展，新的施工技术、新工艺、新设备不断涌现出来，使原来很多存在的难题都迎刃而解，破除了很多限制技术发展方面的瓶颈。新的施工技术的不断引导和推广，大大改变过去施工效率低下的现状，使施工效率达到了新的高度。

（1）新的施工技术使施工成本大大降低，增加了单位时间能够完成的工作量。

（2）使工程施工的安全度大大提升，将施工风险降低了更低的程度。目前建设部推广的一些新技术，如深基坑支护技术、高强高性能混凝土技术、高效钢筋和预应力混凝土技术、建筑节能和新型墙体运用技术、新型建筑防水和塑料管运用等技术已经广泛应用于建筑工程施工中。

二、在建筑施工中施工新技术的地位

施工新技术有其鲜明的特点，施工新技术是指在面对客观世界的复杂性时，需要考虑多种因素，需要综合应用多门学科的知识，采取可靠和经济的方法，寻求最佳的解决方案。由于自然资源是有限的，因此除了要有效节约利用现有资源外，还必须不断开发新的自然资源或利用新资源的技术，要充分重视与自然界和环境的协调友好，功利当代，造福子孙，实现可持续发展。现代工程与人类社会关系密切，与人类生存休戚相关，施工新技术问题的解决还应采取有关社会科学的知识。科学的成就往往不能一出现就得到应用，必须通过施工新技术转化为直接的社会生产力，才能创造出满足社会需要的物质财富，于是在建筑工程中使用新技术就是将技术科学运用到实际情况中去，是创造社会财富的过程，也是施工企业提高经济效益的重要手段。

三、当前施工新技术在建筑工程中的应用举例

（一）当前建筑施工中防水新技术的应用

防水技术的根本实质就是指防水渗漏和有害性裂缝的防控技术，在实际操作中，必须坚持“质量第一，兼顾经济”的设计原则，选择最佳的防水材料，采用最合适的防水施工工艺。

一是从屋面防水工程来看，可以采用聚合物水泥基复合涂膜技术，采用此新技术必须做好基层处、板缝处和节点处的处理。二是在塔楼及裙楼屋面进行施工的时候，应该采用分遍涂布的方式进行涂膜，待第一次涂抹的涂料完全干燥变成膜之后，在进行第二遍涂料的涂布施工。涂料的铺设方向应该是互相垂直的，在最上面涂层进行施工时，应该严格控制涂层的厚度，其厚度必须大于 1mm，在涂膜防水层的收头处，必须多涂抹几遍，以防止发生流淌、堆积等问题。三是在进行外墙防水施工时，为了严防抹灰层出现开裂和空鼓的问题，可以充分发挥加气砼砖墙的优势，在抹灰之前。可以用钢丝网将两种材料隔离起

来。在固定好钢丝网之后，再处理好基面，将 108 胶水（20%）与水泥（15%）掺合起来，调配成浆体进行涂刷，待处理好基面后，再做好抹灰层的施工，在进行砌筑时，不可直接将干砖或含水过多的砖投入使用，不得采用随浇随砌的方式。

（二）当前建筑施工中大体积混凝土技术的应用

大体积混凝土技术是一种新型的建筑施工技术，在当前的建筑工程中得到了十分广泛地应用，在进行大体积混凝土施工时，其中的水泥用量比较多，因此，其水化热作用十分强烈，混凝土土内部温度会急剧升高。当温度应力超过极限时，就会致使混凝土产生裂缝，因此，必须对混凝土浇筑的块体大小进行严格控制，切实有效地控制水化热而导致的温升问题，尽可能缩小混凝土块体里面与外面的温度差距。在具体施工中，应该根据实际情况以及温度应力进行计算，再考虑采用整浇或是分段浇筑，然后，做好混凝土运输、浇筑、振捣机械及劳动力相关方面的计算。

（三）当前建筑施工中钢筋连接施工技术的应用

钢筋连接施工中有需要规范的问题，比如机连接、焊接接头面积百分率应按受拉区不宜控制，如遇钢筋数量单数时，百分率略超过些也是符合要求的。绑扎接头面积百分率控制：受拉钢筋梁、板、墙类不宜大，当工程中确有必要增大接头面积百分率时，梁受拉钢筋不应大于 50%，其他构件可根据实际情况放宽。因此梁中受拉钢筋接头面积百分率是一个底线，不应越过，其他构件则可以放宽，但必须满足搭接长度的要求，如般柱子钢筋，也可设置一个搭接头，这将方便于施工。

四、现代建筑施工新技术的发展趋势

以最小的代价谋求经济效益与生态环境效益的最大化，是现代建筑技术活动的基本原则，在这一原则的规范下，现代建筑技术的发展呈现出一系列重要趋势，剖析和揭示这些发展趋势有助于认识和推动建筑技术的进步。

（一）建筑施工技术向高技术化发展

新技术革命成果向建筑领域的全方位、多层次渗透，是技术运动的现代特征，是建筑技术高技术化发展的基本形式。这种渗透推动着建筑技术体系内涵与外延的迅速拓展，出现了结构精密化、功能多元化、布局集约化、驱动电力化、操作机械化、控制智能化、运转长寿化的高新技术化发展趋势。建材技术向高技术指标、构件化、多功能建筑材料方向发展，在这种发展趋势中，工业建筑的施工技术也随之向着高科技方向发展，利用更加先进的施工技术，使整个施工过程合理化、高效化是工业建筑施工的核心理念。

（二）建筑施工技术向生态化发展

生态化促使建材技术向着开发高质量、低消耗、长寿命、高性能、生产与废弃后的降解过程对环境影响最小的建筑材料方向发展；要求建筑设计目标、设计过程以及建筑工程的未来运行。都必须考虑对生态环境的消极影响，尽量选用低污染、耗能少的建筑材料与技术设备，提高建筑物的使用寿命，力求使建筑物与周围生态环境和谐一致。在这样的趋势中，建筑的灵活性将成为工业建筑施工技术首先要考虑的问题，在使用高科技材料的同时也要有助于周围生态的和谐发展，另外在建筑使用价值结束后建筑的本身对周围环境的影响也要在建筑施工的考虑之中。

（三）建筑施工技术向工业化发展

工业化是现代建筑业的发展方向，它力图把互换性和流水线引入到建筑活动，以准化、工厂化的成套技术改造建筑业的传统生产方式。从建筑构件到外部脚手架等都可以由工业生产完成，标准化的实施带来建筑的高效率，为今后的工业建筑施工技术的统一化提供了可能。

总之，现代施工施工新技术不断应用，对工程质量、安全都起到积极的作用，因此，施工企业要充分认识到建筑施工技术创新的重要性和必要性，重视施工新技术的应用，让企业更快更好的发展。

第三节　现代建筑施工技术的特点

建筑业是一个古老的行业。及至现代，建筑业更成为社会进步的标志性产业。我国是人口大国，建筑业在我国发展迅速，施工技术日新月异。新技术的研发和应用是建筑企业和相关单位共同关注的问题，许多先进的技术已被我国所采纳，并在实际应用中得到了实惠。新技术的应用不但提高了工程的质量，而且节约了建筑施工所消耗的资源，从而降低了工程所需成本。本节从我国建筑业的基本情况出发，分析施工过程中的相关问题，通过引进新技术来提高我国施工技术的水平，从而加速我国建筑业的发展，提高施工效率和经济效益。

一、现阶段的建筑技术水平概述

近年来，随着城市化进程的不断加快，我国建筑业发展迅速。许多新型建筑技术被应用于施工中，并在使用过程中得到了发展和发展创新，同时也总结出许多宝贵经验。然而，新型建筑技术的推广在我国仍不广泛，简单分析有如下几点：①大多数建筑企业规模较小，缺乏必要的资金引进先进的技术和设备；②一部分单位的技术人员业务能力相对较低，对新技术不能很好地理解和掌握，使得新技术在施工中得不要充分运用；③一些单位对新技术不够重视，国家缺乏相关管理部门进行管理和推广。针对我国现有建筑业的实际发展情况，国家一定要充分重视新型施工技术的推广，让建筑行业充分认识到新技术的优越性：

节约资源，节省工时，提高质量。因此，引进新技术是建筑行业发展的必然需求，是提高建筑企业竞争力的必然需要。

桩基技术：①沉管灌注桩。在振动、锤击沉管灌注桩的基础上，研制出新的桩型，如新工艺的沉管桩、沉管扩底桩（静压沉管夯扩灌注桩和锤击振动沉管扩底灌注桩）直径500mm以上的大直径沉管桩等。先张法预应力混凝土管桩逐步扩大应用范围，在防止由于起吊不当、偏打、打桩应力过高、挤土、超静水压力等原因而产生的施工裂缝方面，研究出了有效的措施。②挖孔桩。近年来已可开挖直径3.4m，扩大头直径达6m的超大直径挖孔桩。在一些复杂地质条件下，亦可施工深60m的超深人工挖孔桩。③大直径钢管桩。在建筑物密集地区的高层建筑中应用广泛，有效防止挤土桩沉桩时对周围环境产生影响。④桩检测技术。桩的检测包括成孔后检测和成桩后检测。后者主要是动力检测，我国检测的软硬件系统正在赶上或达到国际水平。已编制了“桩基低应变动力检测规程”和“高应变动力试桩规程”等，对桩的检测和验收起了指导作用。

混凝土工程技术：建筑施工过程中，混凝土技术占了较大的比例，对建筑工程施工也有重要的影响。我国建筑施工中混凝土技术现状：①混凝土作为建筑工程主要材料之一，施工技术以及质量都是建筑企业非常重视的问题，也是具有研究意义的课题。传统的混凝土技术主要以强度大为目标，但是随着科学技术的进步，施工技术不断革新，混凝土材料不仅要求强度大，更要求持久耐用。高强高性能混凝土、混凝土原材料、预拌混凝土，这些材料的制作技术都必须得到进步，比如混凝土添加剂的性能，由原来的单纯减水剂发展到早强、微膨胀、抗渗、缓凝、防冻等，这样就有效提高了混凝土质量。预拌混凝土的出现，减少了材料消耗、降低施工成本，改善劳动条件，提高了工程质量。②模板工程。模板在混凝土施工中起到重要作用，我国建筑施工行业的技师，以多年的建筑施工经验，研究出一些科学、先进的混凝土支模技术，例如：平模板、全钢模板、竖向模板，而且每种模板都有自身独特的优势，比如全钢模板独特的优势有，成型质量好、刚度高、承载能力较强等。③加强技术管理，严格检验入场的原材料。原材料是混凝土的重要组成部分，因此，要加强对原材料的把关，检验人员要严格按照相关标准和相关资料进行验收，杜绝不达标的材料入场。同时，加强人员的技术管理，在混凝土施工中的每一个环节，都要技术交底，且要在施工前完成。在施工完成后，要做技术总结工作，对在施工过程中出现的各种问题，产生的各种现象，进行深入分析和研究，提出解决方案和措施。

二、新技术在节约施工成本方面的作用

要想节约施工成本，就一定要熟悉施工过程中的所有环节。其内容包括：采用技术及设备、设计方案和材料选取等。由此看出工程施工是一个复杂的工作，它需要各个环节的相互配合才能顺利完成。建筑物的顺利竣工，需要考虑以上所有因素。下面，简单介绍一些工程施工中主要的施工方法：

理调配施工中人力资源施工开始时，首先是提供施工地点，然后是组织人员合理开工。从这里可以发现，施工地点是固定不变的，而施工人数和材料设备是灵活多变的。因此，合理的调配施工人员和材料设备是管理人员提高施工效率的重点。在一个特定区域进行施工时，要结合建筑物设计的特点，合理施工，合理调配资源，以投入最少的资源来达到最理想的目标，由此来避免施工过程中造成的资源浪费、人员闲置、秩序混乱等问题，从而在保证施工质量的基础上，使整个施工过程合理有序。

建筑物在不同地区施工要求有所差异不同的地域都有代表当地文化特色的建筑物。所以，不同地区的建筑施工也会大相径庭。不同类型的建筑要根据自身特点采用不同的施工方法及建筑材料进行施工。施工技术必须兼顾天时、地利、人和、因时、因地、因人制宜，充分认识主客观条件，选用最合适的方法，经过科学组织来实现施工。

施工过程中的多环节作业施工过程是个多环节作业过程，其中涉及多个单位的共同合作，消耗的资源巨大，资金更是重中之重。施工过程的复杂有以下几点：

①工程施工需要政府支持，国家有关单位要监督和配合，为工程顺利施工提供必要的保障；②施工过程是一个复杂的过程，需要多个部门联合作业，环节众多，施工的复杂性是其重要的难题；③建筑企业要合理的制定施工计划，合理的调配人员和设备，在不影响工程质量的基础上，保证施工过程资源利用率最大化。施工过程虽是一个多环节作业过程，但充分的做好这几点，就是为提高经济效益提供了前提条件。

施工方法的多样性相同类型的建筑物施工方法各不相同，主要取决于施工技术及设备、设计方案、材料选取、天气情况和地理条件等。所以，由此看出施工方法具有多样性的特点，这就要求我们在施工过程中要做好资源整合，合理调配资源，选择符合施工要求的材料，选择合理的时间开始施工等。只有这样，才能保证工程质量，节约成本，提高经济效益。

加强安全管理，保证施工安全施工管理也是提高施工质量，保证施工安全的重点。施工管理可以有效的监督施工成本控制中各个环节的实际情况，可以根据实际情况进行合理控制，保证企业的资金合理的运用。同时，有效的管理可以保证工作人员的安全，防止危险发生。因此，管理人员要定期进行培训，提高安全责任意识，以保证在现场监督过程中可以灵活的解决各种问题，从而保证施工的安全，提高施工质量。建筑企业也要引进先进的技术和设备，为安全施工提供保障，并制定施工安全制度，加大投入，提高安全生产率，建立健全的施工安全紧急预案，以应对各类突发事件，保证人身安全，保证安全施工。

三、施工过程中如何使用新技术

我国的建筑业发展迅速，所以，提高建筑企业的技术水平，提高施工质量是我们一直深入研究和急需解决的问题。新技术的应用和推广给建筑业带来了希望，并取得了一定的成效。新技术的应用主要体现在以下方面：

施工过程信息化管理信息技术应用贯穿整个施工过程是施工过程信息化的体现。施工过程中的信息多种多样，例如：施工材料、施工方案、建筑企业、施工人员和设备等。信息化的管理使这些信息为合理施工提供了依据，施工管理者通过信息管理平台获得可靠信息，加强对施工环节的管理，以此来提高施工技术，让整个施工过程更加明朗化。

新型建筑材料的应用建筑企业的合理用材是决定建筑企业经济效益的重要因素。因此，建筑材料的选取是建筑施工的重要环节。现今，大量新型材料被投入市场，例如广西区内重点推广的10项新技术中的自隔热混凝土砌块、页岩烧结多孔砖、HRB400钢筋等，这些新型建筑材料的性能相对原有建筑材料都有所提高，而且更经济更环保。新型建筑材料给建筑业带来了可观的经济效益，建筑企业对新型建筑材料的依赖性越来越高，这也加快了新型建筑材料产业的发展，可谓是互赢互利。

机器人技术的开展随着科技的不断进步，机器人逐步走进各个行业，并于多个行业中占据了不可替代的位置。建筑行业也不例外，机器人应用正在不断推广和实践，尤其在钢材喷涂和焊接技术中应用广泛。机器人具有其独特的特点：可靠性高，功能全面，可以完成高难工作等。机器人技术攻克了许多技术难题，提高了施工的技术水平，给建筑施工带来了便利。然而此项技术也有不足之处：机器人数量较少，投入成本较高，不是所有的建筑企业都可以使用。但随着科学的发展，这些问题终将会解决。

施工期间周边环境的保护建筑业的产品是庞大的建筑物。随着城市化进程的加快，高楼大厦拔地而起，钢筋混凝土结构的高楼象征着社会的发展，国家的富强，同时，环保意识在人类的脑海里也不断增强。在国家大力提倡可持续发展的今天，建筑企业在施工过程中应坚持保护施工周边的环境，选用先进施工设备，减少噪声污染，运用先进技术合理处理建筑废料，以此避免对生态环境造成不必要的破坏和影响。

随着国民经济与建筑业的发展，建筑工程施工技术在近几百年有了巨大的发展。我国的建筑企业已经采用了新型的施工技术，提高了施工队伍的技术水平，完善了施工的质量管理。但是，绝大多数建筑企业对新技术应用的认识还不够，新技术的应用效率还很低，这还需要国家的监督和管理，需要相关部门培训和指导，从而让新技术在建筑领域得到应用和推广，为建筑企业乃至整个建筑业创造更多的经济效益，为各地区的经济发展做出贡献。

第四节　现代建筑施工中绿色节能

合理的使用绿色节能建筑施工技术，能够实现绿色管理、节材、节地和节水等效果，并可充分保护自然环境。本节介绍了绿色节能建筑的基本概况，分析了现代建筑施工中绿色节能建筑施工技术的优势及其具体应用，以供参考。

资源的浪费导致近年来人与环境的关系日益紧张，我国走发展道路的同时，也越来越关注节能技术。特别是在建筑行业，其能耗是相当大的。而且随着城市现代化进程，房屋建筑成为重点对象。在此种情况下，怎样提升房建施工领域中的资源利用率成为重要的问题。不过，科技的发展为我们打开了新的大门，政府与相关建设团队也逐渐意识到绿色节能的重要性。

一、绿色节能建筑概述

为了提高建筑整体的环保性能，需要对其构成进行具体分析。由于墙体、屋顶以及门窗都是关键的部位，而且使用率极高，所以需要针对这几个项目，具体的做出分析，使用污染小、对自然资源利用率高或者可回收的特质的绿色环保材料。从而实现提高整体建筑的环保性能。就现今情况来讲，修建物想要达到绿色环保一定要拥有以下特征：

（1）舒适性：为人类创造定居、工作、娱乐的场所，而绿色环保修建物一定要能为人类营造安适健康的生活条件，让修建物里部的人可能安适地工作、以及从事娱乐行为。

（2）可以推进人与生态的融洽同处当代建筑学原理认知：建设与自然条件、人需组成一种合理一致的共同体，环保节能建设一定需积极顺应周围环境，可以提高我们日常生活的幸福指数，呈现人和人生态的融洽同处。

二、现代建筑施工中绿色节能建筑施工的发展现状

现阶段，国内城市建设的速度越来越快，这也使推动了建筑业的良好发展。现代建筑投资的规模和建设的速度，均获得了前所未有的成绩，进而有效的推动了城市的较好发展。然而，施工管理的过程，不能给予施工环境保护更多的重视，这也使得我国施工建设构成人口密集、生活空间受限的情况，还会加重对生态环境的污染。建设数量的增加，导致施工过程产生的垃圾也越来越多，施工材料发生较大的浪费。施工环境的污染和大气污染，如粉尘、机械设备、车辆的废气所造成的污染。同时，施工中还容易产生严重的水污染情况，水污染主要包括：生活及工业废水。此外，施工阶段的噪声污染也非常严重，还存在固体废弃物和有害化学物品等污染

三、绿色施工技术在现代建筑工程中的特点

（一）节约材料的优势

施工材料的费用占到了工程造价的一半以上，因此它是重要的一项开支。如果建筑企业采用了节能技术，可以有效降低施工成本。需要注意的是，不能为了利益而忽视了对质量的要求，只有不断提高施工技术，才可以有效控制建筑垃圾的数量。

（二）绿色施工管理的优势

为了提高建筑工程的质量，必须从安全、进度以及成本三个关键要素出发。而要想做好这项工作，就必须强化管理。而在绿色节能理念下，就应该有整体意识，实施全局控制。

首先，定期对施工状况及有关设备展开考察，确保其稳定，如若发现问题及时处理；其次，严格按照施工方案，做好每一阶段的建设工作，保证工程能够按时完成；最后，必须将成本核算与管理贯穿到整个流程，从前期的决策到竣工审核，都必须确保企业能够达到效益最优化。才能在此基础上提高建筑目标，建成绿色环保型建筑。

（三）节水、节地和节能的优势

建筑施工阶段，会使用较多的水资源，特别为混凝土配置的过程。由此来说，在绿色建筑施工技术中绿色节水是不容忽视的一部分。由于我国人口众多，资源总量达人均贫乏，资源短缺问题十分严峻。所以，我们必须做好项目工程的设计工作和规划工作，只有这样才可以使设计内容变得更加完善，提高了土地使用效率。

（四）环境保护的优势

目前阶段，建筑项目现实实施的过程，基本有：扬尘、噪声还有光污染等危害。所以，绿色型节能施工技术实施的时候，要求做好以上污染相关的扣除工资工作。制定管理粉尘等污染物的相关规定并严格执行，合理分配工程施工的时间段，完善相关设备的运行模式，淘汰落后的施工设备，尽可能的降低污染程度。

四、现代建筑施工过程中环保节能建造技术的应用

（一）保温屋面层绿色节能施工技术的应用

一般情况下，屋面保温，即为将容重低和吸水率低、导热吸水低，并具有较强强度的保温施工材料，合理的设置于防水层、屋面板间，选择适宜的保温施工材料，如板块状的加气混凝土块、水泥聚苯板、水泥、聚苯乙烯板，以及沥青珍珠岩版等。散料加水泥的胶结料，现场施工浇筑的材料主要包括：陶粒、浮石和珠岩、炉渣等。施工现场发泡浇筑主要为：硬质的聚氨醋泡沫塑料、粉煤灰和水泥为主的混凝土

（二）门窗绿色节能施工技术的应用

内外窗的选择有差别，需要根据实际情况对材料质量进行控制。合理的选择适宜的材料，可有效地提高绿色节能施工技术的利用率。在此我们具体介绍乐门窗安装供给：首先，是对材料的选择，为保障其质量，必须强化监管，在采购过程就必须选择有资格生产的商家，而这评判的标准就是从其提供的营业执照、产品检验等出发，以此作为依据，有工作人员对该材料的性能与整体水平进行评定，结合自身的情况选择最佳的商家，进行合作采购。其次，门窗在选择节能技术的过程，由于不同的部位要求有差异，所以我们需讲这项工作细致化，在选择的前充分了解门窗的特点，比如，外窗面积适宜，不可过大；传热系数的设置也要遵守规定，不同朝向和窗墙的面积比也要精确计算对于多层建筑住宅的外窗，可通过平开窗进行设置。目前最常见的塑钢型就是节能门窗首选；再有，就是安装工艺，

必要遵循的就是确保垂直与水平面的高低保持一致，严格的控制洞口吃对与位置，做好这些准备工作之后再进行具体的安装。

（三）地源热泵绿色节能施工技术的应用

地缘热泵施工技术，即为通过地表层储存能量对温度实行调节针对温差较大的位置，以及室外气温较大的位置，其低温比较稳定。经吸收夏季建筑物的热量，确保建筑物体维持在稳定、平衡的状态下。然后，合理的使用绿色节能建筑施工技术，以此实现降低能耗的目的，这项施工技术的日常维护较为简单，也可以称为高校节能施工技术。建筑物体中，空调系统为达到节能的效果，应合理的使用地源热泵施工技术，进而实现控制能耗的效果，并可实现环保的目的，不会对施工环境、四周环境构成较大的影响，利于实行日常的维护工作。

绿色节能技术的应用与发展已经逐步成为我国房建工程的必然叙事，无论是从环境角度还是提高项目效益出发，都必须将这项技术真正的落实到具体施工过程。不过，目前我国要大力发展节能建筑还遇到一些瓶颈，比如施工人员意识不足，专业性不强，管理者监察力度不够等等。但是，我们要相信这只是暂时的，只要提高重视程度，并且不遗余力的研究这项技术，在实践中总结更新，一定能够实现我国房建的绿色节能道路。

第五节　现代建筑施工技术的发展

伴随着科学水平的不断发展，越来越多的建筑施工新技术应用在当代建筑施工中，促进了建筑施工水平的发展，而建筑施工单位也一定要依赖新技术提高企业竞争力，在日益激烈的竞争中脱颖而出，让单位自身取得最大程度的提升。

目前，我国的科技水平逐渐增强，直接影响了我国的建筑施工技术，使得其水平不断提升。新技术可以减少施工任务的成本，提高工作效率，同时创造了更高程度的安全保障，让施工工作的风险成本减少，推动了建筑工程的总体发展。建筑行业怎样推动科技成果的转换，逐渐提高事业的科学技术含量十分重要，施工单位整体加强技术水平的唯一方法就是紧密结合现代科学技术，合理的管理与技术选择上，发达国家与质量可靠的新科技，全面应用到建设工作中，乃至建筑行业的各部分。

一、我国现阶段建筑施工新技术的现实情况

科学技术的发展使得建筑技术也随之提高，传统的单一的技术向多元化的施工技术发展，现已趋于成熟。尤其是近几年科学技术发展不断更新的施工技术、新工艺以及新设施不断出现，而尚存的难题也都得以解决，科技发展的制约，消除了大量建筑行业的绊脚石。新的施工技术的运用并不断普及，很大程度上改变了传统施工低效率的问题，施工新技术

提高了效率。①新的施工技术很大程度上节省了施工成本，提高了单位时间可以实现的工作量。②使工程施工过程中的安全性很大程度提高，减少了施工风险。现阶段建设单位推广的一些新技术，如新型建筑材料、预拌混凝土以及混凝土输送、使用技术、钢筋加工技术、以及能源节约技术等均已广泛运用到建筑工程施工中。

二、现代施工技术在建筑施工中的地位

现代施工新技术具有其鲜明的特征，施工新技术在针对客观世界的繁杂性时，要求注意不同因素的影响，要求全面结合运用多种学科的知识，选择可信且经济的手段，探索最优的处理方案。而因为自然资源的有限性，所以不仅要充分节省使用现有资源，还一定要不断研究新能源、发现新自然资源或者利用新资源的技术，要对自然界与环境的和谐协调给予充分的关注，便于当代人，造福下一代，做到可持续发展。现代工程和人类社会生活紧密联系，和人类发展生存息息相关，施工新技术的处理还要求结合相关社会科学的知识。科学的成果通常无法刚产生就取得全面运用，一定要经过施工新技术转换成直接的社会生产力，才可以为社会需要提供物质财富，所以在建筑项目中运用新技术就是把新技术合理的应用到具体情况之中，是创造社会财富的一个环节，也是施工单位加强经济成效的主要方案。

三、现代施工新技术在建筑工程中的具体运用

（一）新型建筑材料的应用

建筑材料作为工程施工的物质前提，其价值占据建设工程造价的主要部分，目前已实现对传统建材巨大改进，同时又大量的替代材料以供选择。此外，大量的新型材料逐渐被发现，让建筑施工得到较大的选择余地。这些新型材料都有良好的性能、能源损耗低、占用资源少、质量轻以及耐久性好等优点，推动了建筑施工的发展进程。新型材料的广泛运用会对房屋建筑带来很大的促进作用，使得建筑设计、结构设计以及建筑施工取得革命性的改变。建筑设计企业与建筑施工单位应该积极进行新材料运用部分探讨与实验工作，对一些性能、价格相对较好，有相应的经济效益与社会效益的新型材料，应及时介绍推行新材料运用的经验。

（二）预拌混凝土与混凝土运送、使用技术的革新

混凝土是当代建筑施工的重要原材料，混凝土的品质直接影响建筑施工的质量。预拌混凝土技术选用新型科学技术，把混凝土在施工以前就搅拌好，一方面缩减了施工步骤，很大程度上降低了人力、物力等资源的耗费，同时在客观上节省了施工工期；另一方面标准化的混凝土可以防止人工配比与拌料时的误差，确保混凝土的质量符合要求。此外，利用改革技术，选择泵送混凝土运送技术，确保混凝土在输送的时候的质量稳定。在混凝土

的现场施工部分，利用选择防止混凝土碱集料反应的手段来进一步地确保混凝土施工质量，比如尽可能选用低碱水泥、砂石料以及低碱活性料等。利用预应力混凝土技术，选择低松弛高强度钢绞线与新型预应力锚夹具相结合，充分降低混凝土板厚、高度，以此实现减轻建筑物自重、提高建筑物性能的目的。

（三）钢筋加工技术的革新

钢筋 - 混凝土结构作为许多建筑物的第一选择，钢筋加工质量对建筑施工质量具有十分重要的意义。在钢筋的焊接部分，电渣压力焊因为不受钢筋化学成分、可焊性与天气的干扰，同时操作的时候没有明火、安全且简单，在钢筋加工的时候不断被推广，尤其适合现浇钢筋混凝土结构中竖向或者斜向（倾斜度在 4 ： 1 的范围中）钢筋的衔接，尤其是针对高层建筑的柱、墙钢筋，运用十分广泛。在钢筋衔接技术部分，钢筋剥肋滚压直螺纹技术经过滚丝机把要连接的钢筋两端的纵肋与横肋直接滚压成普通螺纹，再用特制的直螺纹套筒衔接。选择直螺纹衔接技术能够有效提高钢筋接头强度，完全体现钢筋抗拉，同时操作简单效率高，施工现场就能够快速完成加工工作。

（四）生态环境科学技术的运用

生态环境技术是建筑技术行业中的新观念，是模拟自然界物质生产阶段的新技术手段。在建筑施工过程中运用生态技术，可以展示在具有生态环境的思想理念，重点是在落实避免施工污染，解决好建筑废品，实现文明施工，取得建筑施工与环境的配合协调，提供较好和谐的施氛围。比如，进行预制桩时控制噪音与振动，泥浆护壁灌注桩施工应重视废泥浆的排放和解决，基础施工时要避免水源的污染，在施工时倡导选择新型环保材料，在施工的时候保护植物，防止滥伐树木，对建筑废物及时解决，全面运用，尽可能维持环境的原有状态，维持生态平衡，做到可持续发展。

所谓高科技生态技术，是指建筑设计通过现代高科技方式、新型材料以及构造与施工技术对建筑物的物理性质、采光设计、温、湿度控制、通风控制、空气阻力研究以及建筑新材料特征等展开最佳配置，实现建筑物和大地共生，和自然相配合，而针对物质、资源耗费趋于循环和再利用。此类生态技术通常选择其他领域的技术成效，比如航空于汽车工业技术方法、计算机软件以及材料等，让建筑物具备时代前瞻性的特点。

伴随着城市化发展水平的加快，城市建筑形式的巨量化，此类联系高新技术、材料以及设施等的生态手段具有愈加重要的价值。除去采用了被动式的生态技术以外，因为现代建筑和以前任何一个时段的建筑更加宏伟巨大，其所占的面积也不是之前任何一个时期可以做到的，这就更要求主动选择高新技术方式来获得良好的活动氛围。一个巨型环境的支持系统、维护结构、室内采光、温湿度以及通风条件等要求人们针对技术的控制来处理。

建筑行业作为一个传统行业，国内的建筑业仅仅在高新技术部分和西方强国进行竞争有较大的难度。然而，我国目前尚处于城市化加速的起点，许多人居住条件的建设于资源的需求给高新科技的发展创造了较大的载体于最好的机遇。建筑行业运用未来新技术的原则应是：创建效率更高，智能化程度更高，给环境造成的影响更小，消耗自然资源更少。将来的建筑新技术依旧是实用技术和尖端技术相辅相成。所以，我们应该审时度势，充分重视独立自主，倡导并依靠自主创新，并在此基础上重视引入外国先进技术，让高新技术在建筑业中的运用变成建筑技术改革的突破点，成就建筑行业真正的“二次创业”。

第六节　现代建筑施工信息化发展

在我国社会不断发展，科技不断创新的背景下，建筑行业获得来了飞速发展，因此需要重视创新、优化建筑工程的管理模式，以便有效提高建筑质量，保证建筑施工过程的安全性、缩短施工周期及减少施工成本，从而增加建筑工程的建设效益。

一、建筑施工信息化建设的意义

在当今的信息化发展的时代，建筑施工行业也需要积极的应对信息化发展的压力，通过内部体制的更新和优化升级来更好的体现信息化水平提升的要求和标准。在推动综合实力提升的过程之中，建筑施工领域的信息化水平有了较大的提升与发展，同时不同施工环节的有效性以及精确性能够获得极大的保障，相关的管理者也立足于信息化水平建设的相关要求不断的加深对信息化的认知和理解，以促进工作效率以及生产建设资源的合理配置为切入点，积极采取有效的策略和手段，获取全方位的信息，保障后期决策的科学性以及合理性。传统的建筑施工模式非常的复杂，同时在这种机械的运作模式之下工作人员以及相关管理部门受到了投资资金以及技术的影响，现有企业的而信息化水平不符合时代发展的要求，严重影响到自身的进一步。对于建筑施工来说，除了需要对不同的发展战略进行分析之外，还需要关注建设技术和手段的有效应用，积极的引进一些新技术，更好地促进工业化水平落后这一问题的有效解决，促进自身的进一步发展，提高综合竞争实力。

二、现代建筑施工信息化发展趋势与对策

（一）建立完善的集约化信息系统

对于建筑工程来说，其最终的工程质量将会受到管理工作的直接影响，在我国建筑事业飞速发展的背景下，处理好工程管理工作与企业工程建造的关系变得尤为重要。在传统的工程管理工作中，应用信息化技术可以全面提升管理效率，同时还会降低传统建筑管理工作的成本。基于以上原因，现代建筑工程管理工作可以通过建立集约化信息系统提升管理效率。对于集约化信息系统的建立，应该立足于本土工程管理软件，从而建立一套高效率、高稳定、高安全的信息化系统。集约化信息系统的建立可以从以下几个方面实现：首

先，相关的技术人员应该要结合企业自身发展特点以及发展方式对管理工程实现信息化，通过对国外现有的管理软件借鉴，制作出一款符合企业自身的专业管理软件。这个软件在应用过程中，需要对工程进度、工程质量以及工程成本等问题进行有效管理。其次，企业应该搭建一个共享性平台，以此来方便政府部门、施工单位以及设计单位等部门之间的交流，这样既可以省去纸张应用的成本，还可以实现各个工程环节无缝衔接。最后，随着建筑工程规模的增加，管理工作中需要记录的信息日渐增多，单一性质的信息系统已经不能满足工程管理工作的诸多需求，复合型的信息系统被发明出来，其中不仅会包含施工基本内容，还会细化到各个部门的负责人，让管理工程变得更加便捷。

（二）不断构建信息化管理平台和系统

在实际的施工过程中，建筑工程管理工作有着重要的作用。然而信息化管理可以通过信息化的管理平台和系统来实现建筑工程管理工作更好地开展。所以，在对各个施工环节以及相关的制度进行确立以后，就要及时地建立一个能够覆盖整个工程信息化管理平台和相关的系统，这样可以在施工过程中，使得各个环节和各个部门能够根据施工的具体情况进行一些信息的交流和数据的分析，这样就可以更好地使各个部门的建筑工程管理信息化更加完善。在建立信息化平台管理系统的过程中，要针对具体的建筑工程管理工作各个工作内容和环节进行有针对性的改善，这样就可以使得建筑企业中各个部门在使用同一个信息化管理系统的时候就能够实现各个方面以及各个数据的共享，更能使得建筑企业中的各个部门更加的协调以及有利于他们之间有机的融合。这样也可以使得整个建筑工程施工的过程中，能够被全程的监测和控制。

（三）完善机构，制定信息化制度

对于企业来说，信息化不是孤立的，并非只有工程管理才能用到。信息化是渗透到整个企业管理的方方面面的。而且，随着时间的推移，信息化对于企业的作用会越来越大。所以，信息化不是随便指定一两个人就可以做到的，而应该指定或成立一个专门的部门来作为信息化工作的支撑。同时，必须及时转变传统管理思维、突破传统管理模式，进行信息化管理思维及模式的改革，建立一系列完善合理的信息化管理体制，不断推进管理信息化进程。

（四）发挥政府机关的引导作用

要让信息化管理技术在建筑行业中能够有一席之地，政府应加大力度，对企业进行相关的引导以及必要的支持。可以推出关于信息化管理的相关政策，引起企业的重视。使企业自身积极主动地去制定一系列相关的政策规定，促进信息化管理的发展，在实践中不断完善信息化管理的体系。政府也应推出关于信息化知识学习的活动，大力鼓励企业对于相关管理人员进行信息化知识的讲授，重视对信息化管理人才的培养，政府进行有效的监督以及不定时的进行调查活动。

（五）开展培训，建设信息化队伍

人才是工作的保证。在信息化的大背景下，要推进建筑工程管理信息化建设工作，需要大量既懂得建筑行业又熟悉信息技术的复合型人才。企业应当构建多层次、多渠道的工程管理信息化人才培养机制，一方面要加大人才引进力度，招聘一批具备建筑行业和计算机行业知识的综合人才；另一方面，更需要内部挖潜，加大对原有管理人员的信息化技术应用培训力度。储备信息化人才，提升企业核心竞争力，不断推动企业建筑工程信息化程度，创造更多的经济效益和社会效益。

信息化建设所涉及的内容比较复杂，同时涉及许多不同的工作环节和工作要素，管理工作人员需要以信息化发展趋势为依据，更好的体现施工信息化发展的相关要求，结合新时期施工企业发展的现实条件和所选择的各类不足采取有效的解决对策，以实现信息资源的合理利用和配置为前提，更好地加强不同环节之间的紧密联系和互动，保障建筑施工企业能够提高自身的综合竞争实力。

第七节　现代混凝土与混凝土施工建筑

如今，随着生态、环保、美观等理念的提出，建筑师们不断创新现代混凝土建筑，逐渐为混凝土找回了地位。现代混凝土科技在材料及工艺上的创新，使得建筑师以往不可能完成的非凡创作具备了极大的可能性。本节基于笔者多年的混凝土施工经验，针对混凝土施工过程中的施工质量和养护方法等施工技术进行详细的探讨，为混凝土施工过程中提供参考和指导。

随着经济的发展和人民生活水平的不断提高，人们对现代建筑施工提出了更高的要求。混凝土施工作为现代建筑施工的一个重要组成部分，其施工技术起着决定性作用，因此要严把混凝土的质量关，提高施工技术，要想控制好混凝土的质量就要控制好混凝土的水灰比和水泥这两个环节。因此在施工过程中一定要进行适当的养护，保证混凝土强度的作用的正常发挥。

一、关于建筑混凝土的阐述

所谓混凝土，主要指的是由石头、砂子、水泥与水资源按照固定的比例研究调制而成的，用于建筑施工过程中大面积使用的一种材料。对于混凝土的特点而言，商品混凝土具有可连续作业、容易成型、较大的输送能力的特点，对比其它的建筑材料具有无法比拟的多种优势。混凝土的运输速度很快，可使现代混凝土在建筑工程中的施工作业较之传统的建筑工程施工建设节省了不少时间，快速有效地提高了工程的竣工期。在现代社会中，混凝土主要在各种高层、超高层或者中小层建筑中广泛应用。商品混凝土的推广，为当今混凝土施工技术在建筑过程中提供了极大便利。所以，在工程施工的过程当中所进行的质量控制必须予以高度重视，并且严格按照国家所规定的要求来进行施工作业。为了防止因为混凝土质量问题所产生的各种安全隐患的发生，对于那些无法在质量上满足国家规定的要求以及工程施工质量要求的混凝土，坚决不能投入到建筑工程建筑中使用。

二、建筑工程中混凝土材料的选择

（一）水泥和主要材料的选择

建筑工程中对材料的选择的要求非常严格，只有科学、合理的选择建筑材料才能保证建筑工程的质量，其中对于混凝土的施工主要是以水泥和沙石为主，我们在运送材料的过程中首先要检查的是水泥，主要对水泥的型号、出场合格证、使用年限和质量证明等严格的把关，以此来保障建筑工程的整体的质量关，对于沙石的要求要根据实际需要进行选择，如果混凝土的要求较高的时候，沙石的选择就要优先考虑到沙石的质量和韧性，沙石的无盐和杂质的多少也要根据混凝土的具体要求确定，总之，对于沙石的选择要根据混凝土的实际需要随机选择，一切为了建筑工程的质量服务。

（二）外加剂和主要材料的选择

建筑工程中对混凝土添加的外加剂是防止混凝土变形开裂的主要添加材料，一般情况下是以粉煤灰为主要外加剂，在建筑工程的施工过程中添加外加剂可以减少混凝土的水化热能，同时还可以改变混凝土的坚实性和柔韧性，切实保证工程的质量，延长建筑物的使用寿命，材料的配置的过程中要对混凝土的各项指标进行严格的把关，施工之前要对混凝土的原材料进行试验，通过试验得出混凝土的配置是否符合要求，配合的比例是多少，因为受到环境等多方面的影响，有的时候这样的试验要进行多次，一直达标为止，才可以投入使用之中，施工的过程中一定要保证混凝土的强度，适当的降低水泥的用量，已达到降低水灰比例的作用。

三、建筑工程中混凝土的施工方法

首先，基础施工。建筑工程的基础施工主要是指建筑物的地基施工，在地基的挖掘过程中应该按照由浅入深的程序进行，先进行深基础的施工、再进行浅基础的施工，通过这种形式以确保建筑工程周围建筑物的安全，在施工的过程中尤其要注意地基基坑的降水和排水工作，要保证施工过程中地基的安全。其次，承台施工。承台施工要根据楼体的标准高度进行有针对性的测量，一般的楼体承台以间隔水平分割为主，也就是说一般的主楼的基础以两层施工为主，两层都要浇灌混凝土，浇筑的时间一般以 6d 为间隔，层层之间的厚度也有严格的要求，一般要达到 1.50 米以上，并且层层之间一定要采取必要的间隔措施，一般我们可以用抗拉钢筋作为间隔的手段，在施工条件允许的范围内，利用这种承台施工的方式可以降低混凝土的内部的高温，还可以减少施工的成本和施工过程中机械设备的投入，以减少施工的开支，节约能源。第三，严格遵守混凝土的施工顺序。在混凝土施工的过程中，一定要注意施工的顺序，一般情况是采取由远及近的顺序推进的，由于在施工过程中所处的位置并不是平坦的，有时会存在一定的坡度，在有坡度的地方施工的时候，一定要保证混凝土一次性浇筑成功，然后在推至另一边，最后推到顶部。在整个施工的过程中，对于施工设备的位置也有严格的要求，混凝土输送泵的位置一定要在场地的正中央，这样方便施工，如果我们采用的是混凝土泵管进行浇筑，一定要做到边浇筑、边拆管，最好是由中间向两边开始浇筑，这样可以散掉一定的水化热量，确保建筑工程的质量安全。

四、针对建筑工程混凝土施工质量控制的研究

首先混凝土施工的设计要合理，在建筑开工之前一定要对建筑物自身的使用年限和受力的情况进行调查、分析、研究，制定一套合理的使用混凝土的方案，在施工的过程中要根据具体的环境选择混凝土的强度的等级，在施工的过程中一定要避免使用等级低的混凝土，按照设计的要求严格控制混凝土裂缝的产生，以保证施工的质量安全。其次，原材料的质量也应该严格的把关，在具体的施工过程中原材料的质量安全是整个施工工程质量的关键所在，对于原材料的选择一定要选择最优秀的原材料，对于主要材料的选择之前一定要先做试验，确定好各种材料的比例，合理的搭配以减少在具体的施工过程中施工裂缝的产生，在施工的过程中水化反应会经常出现，所以在具体施工过程中要注意对水泥的选择，必须检查所选水泥的出场合格证，确保水泥的施工质量，以此保证建筑工程的施工质量。在具体施工的过程中必须对混凝土的温度进行控制，目前对混凝土温度控制的方法很多，一般情况下我们使用改变配料来避免产生混凝土的温度，一般情况是采用干性的混凝土，加入混合料，以降低混凝土中水泥的用量；在搅拌混凝土的过程中，加水或用水将碎石冷却的方法，也可以有效的降低混凝土的浇筑温度，在采取有效措施避免产生混凝土温度的同时，也应该随时准备好温度的散发工作，建立多种途径散热，保证混凝土的温度及时的散发出去，在模板施工的过程中，为了使模板的周转使用率得到提高，在混凝土施工的过程中要求新浇筑的混凝土尽早的拆模，如果混凝土的温度大于气温，要准确把握拆模的时间，避免混凝土的表面出现裂缝，保证建筑工程的施工的质量。

混凝土因其具有价格低廉、取材广泛、成品的抗压能力强以及可塑性强的优点而被广泛运用到现代建筑的施工中。但在混凝土工程实际的施工过程中也存在着一些问题，严重影响着建筑工程的施工质量与寿命。因此，在新时期加强对建筑工程混凝土施工技术与措施的研究，有助于深化对混凝土施工技术的研究，提升混凝土工程的施工质量。

第三章　现代建筑工程施工技术

第一节　高层建筑工程施工技术

最近几年，我国社会经济有了飞速的发展进步，人们对建筑工程的各方面要求也越来越高，这便使建筑工程的施工难度不断增加。笔者深入的探究了建筑工程施工的各种技术，并指出了其中的问题和解决对策，希望能更好的促进建筑业的健康可持续发展。

深入分析高层建筑的实际施工可以发现，高层建筑的建设难度是很大的，因为高层建筑的整体结构更加复杂，平面以及立面的形式也更加多样，并且施工现场的面积又不够开阔，且现今人们不仅对建筑工程的整体质量有了更高的要求，还要求建筑工程的外表更加美观，上述这一系列问题的存在使高层建筑工程的施工难度不断增加，所以建筑施工企业一定要不断提高自己的施工水平，这样才能很好的保证建筑工程的整体质量，才能在激烈的市场竞争中取得立足之地。除此之外，建筑企业的设计工作者和施工者还必须根据实际的施工状况以及使用者对于工程的要求，确定最高效可行施工方案，并积极的引入先进的技术、工艺，还要严格的进行施工现场的管理工作。

一、高层建筑工程施工技术的特点

（一）工程量大

在高层建筑施工过程中，其建筑物规模都较为巨大，因此，建筑工人的工程量便会增多，工程承包方便需要聘用更多的施工人员、引进更多的施工机械。高层建筑物不仅工程量大，而且施工过程中存在较大的难度，在整体的施工过程中，建筑施工的过程中施工人员需不断进行一定的整合与创新，一方面对建筑物进行施工，另一方面涉及工程施工的具体流程进行优化。在此种情况下，高层建筑工程的施工难度便会逐渐增大，全体施工人员面临巨大的挑战。在此基础上，便使工程承包方与施工人员承受巨大的压力，对施工人员提出了更高的技术要求。

在施工人员对住宅、办公、商业区进行建筑施工的过程中，在不同时期，施工完成的工程量都是不同的，在此图表中，6 月中旬，施工人员对商业区完成的工程量最大。建筑工程的施工量巨大，在不同季节，对施工人员面临着不同的挑战，其完成的工程量具有差异化的趋势。

（二）埋置深度大

对于高层建筑而言，其需具有一定程度的稳固性，使其避免出现坍塌的危险。在风力大的区域进行施工的过程中，施工人员更需注重建筑楼层的稳定性，保障人民群众的生命安全不会受到侵害。为使高层建筑的稳定性得到相应程度的保障，施工人员便需对建筑物的埋置深度进行合理的把控，在埋置的过程中，施工人员的地基深度需不小于建筑物整体高度的1/12，建筑楼层的桩基需不小于建筑楼层整体高度的1/15，此外，在建筑的过程中，施工人员需至少修建一个地下室，当发生安全问题的时候，现场施工人员能够进行逃生，使危险系数降低。

（三）施工过程长

在高层建筑工程的施工过程中，其工程量巨大，因此便需花费较大的时间进行工程施工，工程周期较短的需要几个月，工程周期较长的则需要几年。施工承包方为了获得较大的经济效益，其需将工程施工周期进行相应的缩短，在此基础上，施工承包方需要对工程的安全性得到一定程度的保障，在此种前提下，再将工程进行相应的优化。为了使工程施工周期得到相应程度的缩短，工程承包方需对施工过程的整体流程进行相应的把控，对于交叉施工的环节，施工承包方更需进行合理的调控，使施工周期得到一定程度的缩短。

二、高层建筑工程施工技术分析

（一）结构转层施工技术

在高层建筑工程施工的过程中，施工人员需对建筑顶端轴线位置进行相应的调控，对上部顶端轴线位置的要求较小，而对于下部建筑物轴线的位置要求较高，施工人员需进行较大的调整。此种要求与施工人员建筑过程中的技术要领是一种相反的状态，在此种情况下，便使建筑工程施工技术与实际应用过程存在一定程度的差距，所以需运用特殊的工法进行房屋建筑工程的修建，在建筑施工的过程中，建筑人员需对楼层设置相应的转换层，在此种结构模式中，当发生地震的时候，楼层的抗震性便能得到相应程度的增强。此外，在建筑的过程中，建筑人员需对楼层的结构转换层的高度进行一定程度的限制，在合适的高度基础上，楼层的安全性才能得到相应程度的保障，进而人民的生命健康免受威胁。

（二）混凝土工程施工技术

在施工的过程中，施工人员需使用混凝土进行工程的建设，因此，施工人员需对混凝土质量进行严格的把控，在混凝土质量检验的过程中，需遵照相应的标准，其是否具有较大的抗压性能，是否适应建筑工程施工技术的要求。在工程开展前，相应人员应对水泥标号开展相应程度的审查，在审查的基础上，避免出现较多的错误。此外，水泥与水需对水灰比进行合理的调控，在施工人员运用合理调控比例的情况下，才能确保工程施工的合理开展，工程混凝土施工技术得到相应程度的保障，在运用恰当比例配合的过程中，混凝土施工技术将得到更大程度的发展，从而确保工程的精细化施工。在混凝土施工过程中，需根据不同楼层的建筑面积进行不同的混凝土调配比例，从而使工程施工技术得到更大的发展。对于商场等特大建筑层，便需要施工人员进行较多的水凝土调配，在精准计划调配的基础上，保障高层建筑工程顺利施工。

（三）后浇带施工技术

在高层建筑的主楼与裙房间具有相应的后浇带，在实际生活中，当施工人员进行工程建筑施工的时候，会将主楼与裙房之间进行相应程度的连接，在连接的过程中，施工人员会使主楼处于中央的位置，裙房围绕主楼进行相应程度的环绕，在连接的过程中，主楼与裙房应进行一定程度的分开。在运用变形缝的基础上，会使高层建筑的整体布局发生相应程度的改动，为了使此种问题得到相应程度的缓解，施工人员便需运用后浇带施工技术，在运用此技术的过程中，便能使高层建筑处于稳固的状态中，使其不会出现相应程度的沉降危险，工程施工进度得到相应程度的保障。后浇带技术是一种新颖的技术，其能适应高层建筑工程不断发展的步伐。

（四）悬挑外架施工技术

在脚手架搭建的过程中，在建筑物外侧立面全高度和长度范围内，随横向水平杆、纵向水平杆、立杆同步按搭接连接方式连续搭接与地面成45 ~ 60° 之间范围内的夹角，此外，对于长度为 1m 的接杆应运用 5 根立杆的剪刀撑进行一定程度的固定，而对于剪刀撑的固定则应运用 3 个旋转的组件，在不断搭建的过程中，旋转部位与搭建杆之间应保持一定程度的距离，距离以 0.1m 为最佳范围，才能保证外架的稳定性。在高层建筑施工的过程中，当外架处于一种稳定的状态中，才能确保高层建筑工程施工的安全性。根据施工成本管理，低于 10m 不是最佳搭设高度，按照扣件式钢管脚手架安全规范的要求，悬挑脚手架的搭设高度不得超过 20m，20.1m 为最佳搭设高度。在脚手架搭设的过程中，其脚手架的立杆接头处应采用对接扣件，在交错布置的过程中，相邻的立杆接头应处于不同跨内，且错开的距离应至少 500mm，且接头与主中心节点处应小于 1/3。

在规范中以双轴对称截面钢梁做悬挑梁结构，其高度至少应为 160mm，且每个悬挑梁外应设置钢丝与上一层建筑物进行拉结，从而使其不参与受力计算。

总而言之，在高层建筑施工的过程中，施工承包方为使其建筑物的安全性得到一定程度的保障，其需要求施工人员对施工技术手段进行相应的调整。在不断调整的过程中，施工技术便能得到更大的发展，从而使高层建筑的施工质量得到相应程度的保障，人民处于安全的居住环境中，社会经济效益得到增长。

第二节　建筑工程施工测量放线技术

建筑工程施工测量是施工的第一道工序，是整个工程中占有主导地位的工程，而建筑施工测量放线技术则为施工中地的各个方面都提供了正常运行的保障。本节主要分析探讨了施工测量的流程和质量监控及其技术，以及视觉三维技术在测量放线技术中的应用。

一、概述

在建筑施工项目启动之后，首先要做的工作就是施工定位的放线，它对于整个工程施工的成功与否具有重要意义，在实际施工过程中，测量放线不仅要对施工进度的实时跟进，还要根据施工进度对设计标准和施工标准进行对比，及时改正施工误差，对建筑工程标准高度和平面位置进行测量。在每一个施工项目进行施工之前，测量放线时每一个施工项目施工之前必要的准备，不仅要对设计图纸进行反复的检验，还要对设计标准进行探究分析，保证每一个环节之下的标准都达到设计标准，施工人员严格按照图纸要求，照样施工，把图纸上体现出来的各个细节全部要在建筑物上展现。在施工人员进行测量放样事，如果要保证测量放线的可靠性和严谨性，就必须严格按照施工图纸进行施工，从而保证工程质量，降低返工率。还要对施工人员对于施工作业具有丰富的经验和熟练的器械设备操作经验。如果在测量放线的过程中出现差错，必然会对施工项目的建设成果造成必要的影响。在工程施工完成后，测量放线人员要根据竣工图进行竣工放线测量，从而对日后建筑可能出现的问题进行及时的维修工作。

二、建筑工程施工的测量的主要内容和准备工作

（一）测量放线的主要施工内容

主要施工内容是按照设计方的图纸要求严格进行测量工作，为了方便后期对施工项目的查验，对前期的施工场地做好土建平面控制基线或红线、桩点、表好的防线和验收记录，对垫板组进行相应的设置，然后对基础构件和预件的标准高度进行测量，建立主轴线网，保证基础施工的每一个环节都做到严格按照图纸施工，先整体，后局部，高精度控制低精度。

（二）测量之前的准备工作

1.测量仪器具的准备

严格按照国家有关规定，在钢框架结构中投入使用的计量仪器具必须经过权威的计量检测中心检测，在检测合格之后，填写相关信息的表格作为存档信息，应填写的表格有《计量测量设备周检通知单》《计量检测设备台账》《机械设备校准记录》《机械设备交接单》。

2.测量人员的准备

相关操作的测量人员的配备要根据测量放线工程的测量工作量及其难易程度。

3.主轴线的测量放线

根据建立的土建平面控制网和测量方案，对整个工程的控制点进行相应地主轴线网的建立，并设置住控制点和其余控制点。

4.技术准备

做到对图纸的透彻了解并且满足工程施工的要求，对作业内的施工成果进行记录以便后期核查。

三、测量放线技术的应用

在每一个施工项目之前对其进行定位放线是关乎工程施工能否顺利进行的重要环节，平面控制网的测放以及垂直引测，标高控制网的测放以及钢珠的测量校正都是为了确保施工测量放线的准确与严谨，而测量放线技术的掌控能力则是每一个技术管理人员必备的技能。

（一）异形平面建筑物放线技术

在场面平整程度好的情况下，引用圆心，随时对其进行定位，如果在挖土方时，因为建筑物或土方的升高，出现圆心无法进行延高或者圆心被占时，就要对其垂直放线，进行引线的操作，这是在异形平面建筑物最基本的放线技术，根据实际施工情况选择等腰三角形法、勾股定理法和工具法等相应地进行测量放线。将激光铅直仪设置在首层标示的控制点上，逐一垂直引测到同一高度的楼层，布置六个循环，每 50 米为一段，避免测量结果的误差累计，确保测量过程的安全和测量结果的精准，做到高效且快速，保证测量达到设计标准。

（二）矩形建筑放线技术

在这种情况下，最常使用的测定方式有钉铁钉、打龙门桩和标记红三角标高，在垫层上打出桩子的位置且对四个角用红油漆进行相应的标注。在矩形的建筑中，通常要对规划设计人员在施工设计图中标注的坐标进行审核，根据实际的施工情况对其进行相应地坐标调整，减少误差，对建筑物的标高和主轴线进行相应的测量。

四、视觉三维测量技术在测量放线中的应用

随着科技的不断发展，动态和交互的三维可视技术已被广泛地应用到了对地理现象的演变过程的动态分析及模拟，在虚拟现实技术和卫星遥感技术中尤为明显。视觉三维测量技术肩带来说就是把在三维空间中的一个场景描述映射到二维投影中，即监视器的平面上。

在进行三维图像的绘制时，主要的流程大只就是将三维模型的外部用去面试题造型进行描述，大致逼近，从而在一个合适的二维坐标系中利用光照技术对每一个像素在可观的投影中赋予特定的颜色属性，显示在二维空间中，也就是将三维的数据通过坐标转换为二维的数据信息。

综上所述，在建筑工程施工测量放线技术在施工之前以及施工的过程中就被反复应用，关系到了整个施工项目的成败，对施工质量管理起着重要的影响作用，随着建筑造型的多样变化，测量放线技术的难度日益增加，应该在每一个环节的应用进行分析探讨，都要严格按照指定的施工方案实施，，从而保证工程施工的质量。

第三节　建筑工程施工的注浆技术

如今，随着时代的发展，建筑工程对于我国至关重要。而建筑工程是否优质，由注浆工作的优良决定。注浆技术就是将一定比例配好的浆液注入到建筑土层中，使土壤中的缝隙达到充足的密实度，起到防水加固的作用。注浆技术之所以被广泛运用到建筑行业，是因为其具有工艺简单、效果明显等优点，但将注浆技术运用到建筑行业中也遇到了大大小小的问题。本节旨在通过实例来分析注浆技术，试图得出可以将注浆技术合理运用到建筑行业中的措施。

建筑工程十分繁杂，不仅包括建筑修建的策划，还包括建筑修建的工作，以及后面维修养护的工作。随着科技的飞速发展，建筑技术也不断的成熟，注浆技术也有一定程度的提升，而且可以更好地使用与建筑过程中，但是在运用的过程中也遇见了很对大大小小的问题，这不仅需要专业技术人员进行努力解决，还需要国家多颁布政策激励大家进行解决。注浆技术就是将合理比例的淤浆通过一个特殊的注浆设备注入土壤层，虽然过程看起来十分简单，但是在其运用过程中也有难以解决的问题。注浆技术运用于建筑工程中的主要优点就是：一定比例的浆料往往有很强的黏度，可以将土壤层的空隙紧密结合起来，填补土壤层的空隙，最终起到防水加固的作用。注浆技术在我国还处于初步发展阶段，没有什么实际的突破，需要我们进一步的进行研究探索。

一、注浆技术的基本概论

（一）注浆技术原理

注浆技术的理论基础随着时代和科技的发展越来越完善，越来越适合用于建筑工程中。注浆技术的原理十分简单，就是将有黏性的浆液通过特殊设备注入建筑土层中，填补土壤层的空隙，提高土壤层的密实度，使土壤层的硬度以及强度都能够得到一定程度的提升，这样当风雨来袭，建筑能够有很好的防水基础。值得注意的一点是，不同的建筑需要配定不同比例的浆液，这样才可以很好的填充土壤层缝隙，起到防水加固的作用。如果浆液配定的比例不合适，那么注浆这一步工作就不能产生实际的作用，造成工程量的增加，也浪费了大量的注浆资金。所以，在进行注浆工作前，要根据不同的建筑配备合理的浆液比例，这样才有利于后续注浆工作的进行。而且注浆设备也要进行定期的清理，不然在注浆的工程中，容易造成浆液的堵塞，影响后续工作的进行，而且当浆液凝固在注浆设备中，难以对注浆设备进行清理，容易造成注浆设备的报废，也对造成浆液资金的大量浪费。

（二）注浆技术的优势

注浆技术虽然处于初步发展阶段，但是却已经广泛运用于建筑工程中，其主要的原因是其具有三个优势：第一个优势是工艺简单；第二个优势是效果明显，第三个优势是综合性能好。注浆技术非常简单，就是将有黏性的浆液通过特殊设备注入建筑土层中，填补土壤层的空隙，提高土壤层的密实度，使土壤层的硬度以及强度都能够得到一定程度的提升。而且注浆技术可以在不同部位中进行应用，这样就有利于同时开工，提高工作效率；注浆技术也可以根据场景（高山、低地、湿地、干地等等）的变换而灵活更换施工材料和设备，比如在高地上可以更换长臂注浆设备，来满足不同场景下的施工需要。注浆技术最主要的优点就是效果明显，相关人员通过合适的注浆设备进行注浆，用浆液填补土壤层的空隙，最后能使建筑能够很好地防水和稳固，即使是洪水暴雨的来袭，墙壁也不容易进水和坍塌。在现实生活中，注浆技术十分重要，因为在地震频发的我国，可以有效的防治地震时建筑过早的坍塌，可以使人民有更多的逃离时间。综合性能好是珠江技术运用于建筑工程中最明显的优点。注浆技术将浆液注入土壤层中，能够很好的结合内部结构，不产生破坏，不仅可以很好的提升和保证建筑的质量，还可以延长建筑结构的寿命。也就是这些优势，才使注浆技术在建筑工程中如此受欢迎。

二、注浆技术的施工方法分析

注浆技术有很多种：高压喷射注浆法、静压注浆法、复合注浆法。高压喷射注浆法在注浆技术中是比较基础的一种技术，而静压注浆法主要应用于地基较软的情况，复合注浆法是将高压喷射注浆法和静压注浆法结合起来的方法，从而起到更好的加固效果。每种方法都有不同的优势，相关人员在进行注浆时，可以结合实际情况选择合适的注浆方法，这样才可以事半功倍，而且还可以将多种注浆方法进行结合使用，这样也有利于提高工作效率。下面进行详细介绍：

（一）高压喷射注浆法

高压喷射注浆法在注浆技术中是比较基础的一种技术。高压喷射注浆法最早不在我国运用，早在十八世纪二十年代的时候，日本首先应用了高压喷射法，并且取得了一定的成就。我国在几年引入高压喷射注浆法运用于建筑工程中，也取得了很好的结果，而且在使用的过程中，我国相关人员总结经验结合实例，对高压喷射注浆法进行了一定的改善，使其可以更好的运用在我国的建筑过程中。高压喷射注浆法主要运用基坑防渗中，这样有利于基坑不被地下水冲击而崩塌，保证基坑的完整性和稳固性；而且高压喷射注浆法也适用于建筑的其他部分，不仅可以使有效的进行防水，还进一步提高了其的稳定性。高压喷射注浆法比起静压注浆法，具有很明显的优势，就是高压喷射注浆法可以适用于不同的复杂环境中，而静压注浆施工方主要只能应用于地基较软的环境。但是静压注浆法比起高压喷射注浆法，也具有很大的优势，就是静压注浆法可以对建筑周围的环境也能给予一定保护，而高压喷射注浆法却不可以。

（二）静压注浆法

静压注浆施工方法主要应用于地基较软、土质较为疏松的情况。注浆的主要材料是混凝土，其自身具有较大的质量和压力，因而在地基的最底层能够得到最大程度的延伸。混凝土凝结时间较短，在延伸的过程中，会因为受到温度的影响而直接凝固，但是在实际的施工过程中，施工环境的温度局部会有不同，因而凝结的效果也大不相同。

（三）复合注浆法

复合注浆法具体来说即是由上文介绍的静压注浆法与高压喷射注浆法相结合的方法，所以其同时具备了静压注浆法与高压喷射注浆法的优点，在应用范围上也更加广泛。在应用复合注浆法进行加固施工时，首先通过高压喷射注浆法形成凝结体，然后再通过静压注浆法减少注浆的盲区，从而起到更好的加固效果。

三、房屋建筑土木工程施工中的注浆技术应用

注浆技术在房屋建筑土木工程施工中也被广泛应用，主要运用在土木结构部位、墙体结构、厨房与卫生间防渗水中。土木结构部位包括地基结构、大致框架结构等等，都需要注浆技术来进行加固。墙体一般会出现裂缝，如果每一条缝隙都需要人工来一条一条进行补充，不仅会加大工作压力，而且填补的质量得不到保证，这时就需要注浆技术来帮忙，通过将浆液注入到缝隙中，可以很好的进行缝隙的填补，既不破坏内部结构，也不破坏外部结构。人们在厨房与卫生间经常用水，所以厨房和卫生间一定要注意防水，而使用注浆技术能够很好地增加土壤层的密实度，提高厨房和卫生间的防渗水性。下面进行详细的介绍：

土木结构部位应用随着注浆技术的应用范围越来越广，其技术也越来越成熟，特别是由于注浆技术的加固效果，使得各施工单位乐于在施工过程中使用注浆技术。土木结构是建筑工程中最重要的一部分，只有结构稳固，才能保证建筑工程的基本质量。注浆技术能够对地基结构进行加固，其他结构部位也可利用注浆技术进行加固，尽管注浆技术有如此多的妙用，在利用注浆技术对土木结构部位加固时，要严格遵守以下施工规范：施工时要

用合理比例的浆液，而且要原则合适的注浆设备，这样才能事半功倍，保证土木结构的稳定性。

（一）在墙体结构中的应用

墙体一旦出现裂缝就容易出现坍塌的现象，严重威胁着人民的安全。为此，需要采用注浆技术来有效加固房屋建筑的墙体结构，以防止出现裂缝，保证建筑质量。在实际施工中，应当采用粘接性较强的材料进行裂缝填补注浆，从而一方面填补空隙，一方面增加结构之间的连接力。另外在注浆后还要采取一定的保护措施，才能更好的提高建筑的稳固性，保证建筑工程的质量，进而保证人民的人身安全。

（二）厨房、卫生间防渗水应用

注浆技术在厨房、卫生间防渗水应用中使用的最频繁。注浆技术主要为房屋缝隙和结构进行填补加固。厨房、卫生间是用水较多的区域，它们与整个排水系统相连接，如发生渗透现象将会迅速扩散渗透范围，严重的话会波及其他建筑部位，最终发生坍塌的严重现象。因此解决厨房、卫生间防渗水问题，保证人民的人身安全时，要采用环氧注浆的方式：首先要切断渗水通道，开槽完后再对其注浆填补，完成对墙体的修整工作。

综上所述，注浆技术是建筑工程中不可缺乏且至关重要的技术，其不仅可以加固建筑，而且还可以提高建筑的防水技能。注浆技术有很多种：高压喷射注浆法、静压注浆法、复合注浆法，相关工作人员只有结合实际情况选择合适的注浆方法，才可以事半功倍，而且还可以结合使用多种注浆方法，提高工作人员的工作效率，保证建筑工程的质量。

第四节　建筑工程施工的节能技术

随着我国经济社会的快速发展，人们物质生活不断提高，越来越多的人住进了现代化的高楼大厦。而人们对建筑施工建筑的需求也是越来越高，越来越多的高楼大厦正在拔地而起。但是，在建筑施工过程中存在着许许多多的困难需要客服，对于建筑施工节能技术的研究亟待提高。因此面对这些问题如何进行克服是每一个从业者必须要面对的，在接下来的文章中将具体对建筑施工节能技术的研究进行分析。

随着我国经济和科技的不断发展，人们的生活水平逐渐提高，我国建筑行业也取得了较大进步，施工技术及工程质量也得到了较大提升。人们越来越重视节能、环保、绿色、低碳发展，因此这就对我国建筑工程施工过程提出了较高的要求，建筑企业应当根据时代发展的需求不断调整自身建筑方式以及施工技术，最大限度地满足用户的需求。建筑企业对建筑物进行创新、节能建设可以有效降低房屋施工过程中的能源损耗，提高建筑物的稳定性及安全性。随着社会发展进程不断加快，各种有害物质的排放量也逐渐增加，如若不及时加以控制人类必将受到大自然的反噬，因此将节能环保技术应用于建筑施工工程已经成为大势所趋。节能环保技术有助于节能减排，同时可以有效减少环境污染，促进我国可持续健康发展。

一、施工节能技术对建筑工程的影响

建筑节能技术对建筑工程主要有着三方面的影响：第一，节能技术的应用能够减少建筑施工中施工材料的使用。节能技术通过提高技术手段、优化施工工艺，采用更加科学、合理的架构，对建筑施工的整个过程进行优化，可以减少建筑施工过程中的物料使用与资源浪费，降低建筑工程的施工成本。第二，节能技术在建筑施工过程中的使用，能够降低建筑对周边环境的影响。传统的施工建筑过程中噪音污染、光污染、粉尘污染、地面垃圾污染问题严重，对施工工地周围居住的人民造成比较大的困扰，节能技术的应用可以将建筑物与周围的环境相融合，营造一个更加环境友好型的施工工地；第三，节能技术的应用帮助建筑充分的利用自然资源与能源，建筑在投入使用后可以减少对电力资源、水资源的消耗，提高建筑整体的环保等级，提高业主的舒适感。

二、施工节能技术的具体技术发展

（一）在新型热水采暖方面的运用

据调查统计，燃烧煤炭的采暖方式在我国北部地区依然是主要采暖方式，但是在其燃烧时会释放出 SO2、CO2 和灰尘颗粒等有害物质，这不但浪费了不可再生的煤炭资源，而且严重影响环境和居民健康。随着时代的进步，新型绿色节能技术的诞生意味着采暖方式也将向更加绿色环保的方向前进。例如采用水循环系统，即在工程施工时利用特殊管道的设置连接和循环水方法，使水资源和热能的利用率最大化，增加供暖时长，减小污染和浪费，改善居住环境。

（二）充分利用现代先进的科学技术，减少能源的消耗

随着科学技术的不断发展，越来越多的先进的技术被运用到当代的建筑当中去，并且这些技术对于环境的污染并不是很多，这就要求我们充分的利用这些技术。科学技术的不断发展可以很好的解决节能相关问题。利用先进的技术，要考虑楼间距的问题。动工的第一步就是开挖地基，这一过程必须运用先进的技术进行精密的计算，不能有一点的差错，只有完成好这一步才能更好的完成之后的工作，为日后建成打下坚实的第一步。而太阳能的使用也是十分有划时代意义的。太阳能作为一种清洁能源，取之不尽用之不竭，现在已经逐渐进入了千家万户之中。另外对于雨水的收集，进行雨水的情节处理，实现真正的水循环，可以减少水资源的浪费。充分利用自然界的水风太阳，实现资源的循环使用，真正的做到节能发展。

（三）将节能环保技术应用于建筑门窗施工中

在施工单位将建筑整体结构建设完之后，就应当进行建筑物的门窗施工。门窗施工工程在建筑物整体施工过程中占有较大地位，门窗的安装不仅需要大量的材料而且需要大量的安装工人，而材料质量较差的门窗会影响建筑整体的稳定性和安全性，在安装结束后还会出现一系列的问题，这就迫使施工单位进行二次安装，严重增加了施工成本，同时也降低了施工效率以及建筑质量。因此建筑企业在进行建筑物的门窗施工时，应当充分采用节能环保材料以及新型安装技术，完整实现门窗的基本功能，同时还能使其和建筑物整体完美融合，增强建筑物的环保性、稳定性、安全性以及美观性。

（四）建筑控温工程中的节能技术应用

建筑在施工过程中的温度控制基础设施主要是建筑的门窗。首先，在建筑的选址与朝向设计上，要应用先进的技能科技，通过合理的测绘和数据计算，根据当地的光照情况与风向情况，合理的设计建筑的门窗朝向与门窗开合方式，保障建筑在一天的时间内，有充足的自然线与自然风从窗户进入建筑内部，减少建筑后期装修中的温控设备与新风系统的能源资源消耗；其次，要科学的设计门窗在建筑中的位置、形状与比例，根据建筑的朝向和整体的室内空气调节系统的设计，制定合理的门窗比例，既不能将比例定得过大，造成室内空气与室外空气的过度交换，也不能定得过小，造成室内空气长期流通不畅；再次，要采用节能技术，在门窗周围设置合理的温度阻尼区，令进入室内的外部空气的温度在温度阻尼区进行合理的升温或降温，使之与室内温度的差值减小，减少室内外的热量交换，降低建筑空调与新风系统的压力；最后，要选择节能的门窗玻璃材料与金属材料，例如，采用最新的铝断桥多层玻璃技术，增强窗户的气密效果，减少室内外的热量交换。

综上所述，建筑施工中节能技术的应用，是现代建筑工艺发展的一种必然，既有利于建筑行业本身合理的利用资源能源，促进行业的健康可持续发展，也响应了我国建设环境保护型、资源节约型社会的号召，同时，也符合民众对新式建筑的普遍期待，是建筑施工行业由资源能源消耗型产业转向高新技术支持型产业的关键一步。

第五节　建筑工程施工绿色施工技术

本节以建筑工程的施工为说明对象，对施工过程中应用的绿色施工技术进行了深入的分析和研究，主要阐述了在建筑工程施工过程中应用绿色施工技术的目的和重要性所在，并且针对这个行业在未来发展中可能存在的问题进行了介绍，希望可以给读者带来一些有用的信息供读者进行参考和借鉴。

随着社会的不断进步和经济的快速发展，建筑行业在取得了长远发展的同时也面临着相应的问题：施工技术缺乏和环保理念贯彻问题等，给建筑工程的施工开展带来了很大的影响，所以解决这些问题是目前的关键所在，针对这种情况，有关部门和单位必须对绿色施工技术进行及时的改进和优化，然后在建筑工程施工中去应用这些绿色施工技术，让整个施工任务变得更加绿色和环保，提高建筑工程施工的质量效果和效率。

一、对建筑工程施工绿色施工技术的应用研究

（一）在环保方面的研究

我国的建筑行业在众多工作人员的不懈努力之后和以前相比已经今非昔比，在世界的建筑行业领域也占有了一席之地，但是在建筑行业快速发展的同时相关部门却严重忽视了环境保护在建筑施工中的重要影响，仅关注经济效益而不忽视环境效益。从某种程度上而言，建筑工程的建设会利用大量的人力、物力和财力，并给施工现场周围的环境带来很大的损害，另外受到了施工技术落后和施工的机械设备落后的影响，这和我国的可持续发展战略是相违背的，并且人民群众的日常生活和工作都因为建筑工程的施工受到了很大的影响，无法保持正常的生活与工作状态，所以对建筑工程施工绿色施工技术进行优化迫在眉睫。绿色施工技术的目的就在于保证建筑工程施工进行中可以保护周围的环境不受破坏，和自然环境达到和谐相处。

传统的建筑工程施工技术在使用的过程中不可避免的将产生大量的环境污染问题，并对后期的环境改善工作提出新挑战。而通过绿色施工技术的应用，可以在提高环境保护效果的同时，降少环境污染的产生。与此同时，通过利用环保型建材也可以减少建筑成本，并提高工程建设的质量效果和效率，由此建筑工程施工所带来的社会效益和经济效益最终实现了和谐的统一，给我国建筑行业的环保性和节能性带来了积极的作用，改善了以往建筑行业的高消耗和高污染的特点，让建筑工程的施工变得更加绿色环保。

（二）应用关键性技术

1.施工材料的合理规划

传统的建筑工程建设中使用的施工技术在施工材料的使用中出现了过度浪费的现象，所以就给建筑工程建设增加了成本。然而，解决这一问题需要对施工材料进行合理的选择并不断地推动其进行改进和优化，从而减少建筑企业在材料方面的成本投入，实现对材料的高效使用。具体而言，选择一部分能够二次回收利用或者循环利用的原材料就是具体实施的方法。在建筑工程施工进行中，相关工作人员一定要严格遵守绿色施工的原则，而做到这一点就必须从材料的合理选择优化方面进行着手，优先利用无污染、环保的材料来进行施工建设。当然，其中对于材料的储存问题也要进行充分的考虑，减少因为方法问题而带来的损失。同时，针对建设中出现的问题还要进行后续环保处理，由工作人员借助一些先进的设备来对这些材料进行回收利用和处理，比如说目前经常用到的机械设备就是破碎机、制砖机和搅拌机等等。在对这些材料实现了回收利用之后还需要着重注意利用多重处

理方式进行操作，对于处理后的材料重新利用，将废旧的木材等不可再生资源循环利用，提高资源利用效率，实现环保理念的贯彻。

除此之外，还需要在实践中展开对施工技术的选择和优化，对施工材料进行科学的管理和使用，减少因为材料或多或者使用方法不当而造成的材料浪费现象发生。在施工任务正式开始之前，施工人员一定要根据实际情况做好施工图纸的设计工作，对整个工作阶段进行很好的规划，对每一个环节每一个细节都可以被关注；并且在施工阶段工作人员一定要严格按照预先计划进行施工和材料的采购和使用，避免出现材料的浪费，给企业创造更大的经济效益和社会效益。

2.水资源的合理利用

水资源目前是一种相对来说比较紧缺的资源，但是我国现在建筑行业关于水资源使用的现状却不容乐观，依然普遍的存在水资源浪费的现象，针对这种情况相关部位一定要采取措施进行及时的解决。在水资源合理利用中十分关键的环节之一就是基坑降水，这个阶段通过辅助水泵效果的实现可以有效的推动水资源的充分利用，并减少资源的浪费现象。通过储存水资源的方式也可以方便后续工作的使用，这一部分的水资源的具体应用主要体现在：对于楼层养护和临时消防的水资源利用的提供。从某种程度而言，这两个环节是可以减少水资源消耗的重要环节，可以最大化的减少水资源的浪费。

与此同时，建筑施工中还可以通过建造水资源的回收装置来实现水资源的合理利用，对施工现场周围区域的水资源展开回收处理，针对自然的雨水资源等进行储存、净化以及回收，提高各种可供利用水资源的利用效率。比如说，对施工区域附近来往的车辆展开清洗工作用水、路面清洁用水、对施工现场的洒水降尘处理用水等进行合理的规划设计，提高水资源利用效率。。除了上述以外，建筑行业必须严格制定有效的水质检测和卫生保障措施来实现非传统水源的使用和现场循环再利用水，这样也可以最大限度上保证人的身体健康，提高建筑工程的施工质量效果。

3.土地资源利用的节能处理

很多建筑工程在具体的建设施工过程中都会对于周围的土地造成破坏，并带来利用危害，这主要是是指：破坏土地植被生长情况、造成土地污染、减少水源养护、造成水资源的流失等现象。这些情况的存在会给周围的施工区域带来十分严重的影响。由此，针对这种情况相关部分必须提高对于施工环境周围地区的土地养护工作重视程度，及时采取有效措施进行问题的解决和土地资源的保护。而且，由于建筑施工程缺乏对于建筑施工的有效设计和合理规划，就导致其在具体施工阶段给土地带来很严重的影响；并且由于没有对施工的进度进行严格的把控，很大一部分的土地出于闲置状态，进而造成土地资源的浪费。对于这种问题的存在，需要有专门的人员进行施工方案的有效设计和重新规划，对于具体建设施工过程中土地利用情况进行全面的分析和研究对其有一个全面的了解和认识，最终形成对于建筑施工设备应用和施工材料选择的全面分析和合理设计。

除此之外，在做好提高资源利用效率工作的同时，还需要加强对节能措施推进工作的监督，对于在建筑施工中应用的各种电力资源、水资源、土地资源等进行节能利用，减少资源浪费现象的存在。当然，在条件允许的情况下，可以多利用一些可再生能源，发挥资源的替代效果。在建筑工程施工阶段要对机械设备管理制度进行不断地建立健全，对设备档案进行不断地丰富和完善。同时，做好基础的维修、防护工作，提高设备的使用寿命，并将其稳定在低消耗高效率的工作状态之下。

总而言之，建筑行业随着社会的不断进步和经济的快速发展也取得了快速发展，但是这同时也出现了许多问题，针对这种情况必须在施工阶段采用绿色施工技术并且对这项技术进行不断地改进和优化，对施工方案进行合理地安排和科学地规划，除此之外还需要培养施工人员地节约意识，制定合理的管理制度，避免出现材料浪费和污染的现象，给建筑工程的绿色施工打下一个坚实的基础，提高建筑工程施工的效率和质量。

第六节　水利水电建筑工程施工技术

随着经济的进步与社会的发展，人们越来越重视水利水电工程发挥的实际作用。水利水电工程对我国人民而言意义重大，若是没有水利水电工程，那么人民的日常起居都无法正常进行。为此，国家应当加强对水利水电工程的关注，确保水利水电工程的施工技术能够提高，从而促进水利水电工程的建设。

一、水利工程的特点

水利工程的施工时间长久、强度大，其工程质量要求较高，责任重大等特点，所以，在水利工程的施工中，要高度注重施工过程的质量管理，保证水利工程的高效、安全运转。水利工程施工与一般土木工程的施工有许多相同之处，但水利工程施工有其自身的特点：

首先，水利工程起到雨洪排涝、农田灌溉、蓄水发电和生态景观的作用，因而对水工建筑物的稳定、承压、防渗、抗冲、耐磨、抗冻、抗裂等性能都有特殊要求，需按照水利水程的技术规范，采取专门的施工方法和措施，确保工程质量。

其次，水利工程多在河道、湖泊及其它水域施工，需根据水流的自然条件及工程建设的要求进行施工导流、截流及水下作业。

再次，水利工程对地基的要求比较严格，工程又常处于地质条件比较复杂的地区和部位，地基处理不好就会留下隐患，事后难以补求，需要采取专门的地基处理措施。

最后，水利工程要充分利用枯水期施工，有很强的季节性和必要的施工强度，与社会和自然环境关系密切。因而实施工程的影响较大，必须合理安排施工计划，以确保工程质量。

二、水利建筑工程施工技术分析

（一）分析水利建筑施工过程中施工导流与围堰技术

施工导流技术作为水利建筑工程建设，特别是对闸坝工程施工建设有着不可替代的作用。施工导流应用技术的优质与否直接影响着全部水利建设施工工程能否顺利完成交接。在实际工程建设过程中，施工导流技术是一项常见的施工工艺。现阶段，我国普遍采用修筑围堰的技术手段。

围堰是一种为了暂时解决水利建筑工程施工，而临时搭建在土坝上的挡水物。一般而言，围堰的建设需要占用一部分河床的空间。因此，在搭建围堰之前，工程技术管理人员应全面探究所处施工现场河床构造的稳定程度与复杂程度，避免发生由于通水空间过于狭小或者水流速度过于急促等问题，而给围堰造成巨大的冲击力。在实际建设水利施工工程时，利用施工导流技术能够良好的控制河床水流运动方向和速度。再加上，施工导流技术应用水平的高低，对整体水利建筑工程施工进程具有决定性作用。

（二）对大面积混凝土施工碾压技术的分析

混凝土碾压技术是一种可以利用大面积碾压来使得各种混凝土成分充分融合，并进行工程浇注的工程工艺。近年来，随着我国大中型水利建筑施工工程的大规模开展，这种大面积的混凝土施工碾压技术得到了广发的推广与实践，也呈现出了良好的发展态势。这种大面积混凝土施工碾压技术具有一般技术无法替代的优势，即能够通过这种技术的应用与实践取得相对较高的经济效益和社会效益。再加上，大面积施工碾压技术施工流程相对简单，施工投入相对较小，且施工效果显著，其得到了众多水利建筑工程队伍的信赖，被大量应用于各种大体积、大面积的施工项目中。与此同时，同普通的混凝土技术相比，这种大面积施工碾压技术还具有同土坝填充手段相类似，碾压土层表面比较平整，土坝掉落几率相对较低等优势。

（三）水利施工中水库土坝防渗、引水隧洞的衬砌与支护技术

（1）水库土坝防渗及加固。为了防止水库土坝变形发生渗漏，在施工过程中对坝基通常采用帷幕灌浆或者劈裂灌浆的方法，尽可能保证土坝内部形成连续的防渗体，从而消除水库土坝渗漏的隐患。在对坝体采用劈裂灌浆时，必须结合水利建筑工程的实际情况来确定灌浆孔的布置方式，一般是布置两排灌浆孔，即主排孔和副排孔。具体施工过程中，主排孔应沿着土坝的轴线方向布置，副排孔则需要布置在离坝轴线 1.5m 的上侧，并要与主排孔错开布置，孔距应该保持在 3 至 5 米范围内，同时尽量要保证灌浆孔穿透坝基在坝体内部形成一个连续的防渗体。而如果采用帷幕灌浆的方法，则应该在坝肩和坝体部位设两排灌浆孔，排距和劈裂灌浆大体一致，而孔距则应该保持在 3 到 4 米，同时要保证灌浆孔穿过透水层，还要选用适宜的水泥浆和灌浆压力，只有这样才能保证施工的质量。

（2）水工隧洞的衬砌与支护。水工隧洞的衬砌与支护是保证其顺利施工的重要手段。在水利建筑工程施工过程中常用的衬砌和支护技术主要包括：喷锚支护及现浇钢筋混凝等。其中现浇钢筋混凝土衬砌与一般的混凝土施工程序基本一致，同样要进行分缝、立模、扎筋及浇筑和振捣等；而水工隧洞的喷锚支护主要是采用喷射混凝土、钢筋锚杆和钢筋网的形式，对隧洞的围岩进行单独或者联合支护。值得注意的是在采用钢筋混凝土衬砌时，要注意外加剂的选用，同时要注意对钢筋混凝土的养护，确保水利建筑工程的施工质量。

（四）防渗灌浆施工技术

（1）土坝坝体劈裂灌浆法。在水利建筑工程施工中，可以通过分析坝体应力分布情况，根据灌浆压力条件，对沿着轴线方向的坝体予以劈裂，之后展开泥浆灌注施工，完成防渗墙的建设，同时对裂缝、漏洞予以赌赛，并且切断软弱土层，保证提高坝体的防渗性能，通过坝、浆相互压力机的应力作用，使坝体的稳定性能得到有效的提高，保证工程的正常使用。在对局部裂缝予以灌浆的时候，必须运用固结灌浆方式展开，这样才可以确保灌注的均匀性。假如坝体施工质量没有设计标准，甚至出现上下贯通横缝的情况，一定要进行权限劈裂灌浆，保证坝体的稳固性，实现坝体建设的经济效益与社会效益。

（2）高压喷射灌浆法。在进行高压喷射灌浆之前，需要先进行布孔，保证管内存在着一些水管、风管、水泥管，并且在管内设置喷射管，通过高压射流对土体进行相应的冲击。经过喷射流作用之后，互相搅拌土体与水泥浆液，上抬喷嘴，这样水泥浆就会逐渐凝固。在对地基展开具体施工的时候，一定要加强对设计方向、深度、结构、厚度等因素的考虑，保证地基可以逐渐凝结，形成一个比较稳固的壁状凝固体，进而有效达到预期的防身标准。在实际运用中，一定要按照防渗需求的不同，采用不同的方式进行处理，如定喷、摆喷、旋喷等。灌浆法具有施工效率高、投资少、原料多、设备广等优点，然而，在实际施工中，一定要对其缺点进行充分地考虑，如地质环境的要求较高、施工中容易出现漏喷问题、器具使用繁多等，只有对各种因素进行全面的考虑，才可以保证施工的顺利完成，进而确保水利建筑工程具有相应的防身效果，实现水利建筑工程的经济效益与社会效益。

水利建筑工程施工技术的高低直接影响着水利项目应用效率的高低。因此，我们需要对水利工程的相关技艺进行深入地研究和分析，同时加强施工过程中的管理，保证其施工的顺利进行，确保水利建筑工程的施工质量，为未来国家经济的发展发挥其更加重要的作用。

第四章　现代智能建筑施工技术

第一节　BIM 在智能建筑设计中的实施要点

随着信息技术的飞速发展，信息技术革命已深刻影响到了社会的各行各业。BIM 技术被广泛于建筑数字描述中，通过该技术的应用可将建筑信息内容完整的存储在电子模型中，以便于建筑设计工作的有效开展。因此，在实际的应用过程当中，相关设计人员需要正确识别建筑设计项目中 BIM 信息技术应用的风险，采取必要措施，积极促进 BIM 信息技术在建筑设计项目中更好的应用。基于此，文章就 BIM 在智能建筑设计中的实施要点进行分析。

一、BIM 的定义及特点

BIM，也就是 BuildingInformationModeling，翻译成中文就是建筑信息模型化，通过数字建模实现建筑的三维表达。建筑工程当中的很多要素都在它的研究范围之内，比如说建筑几何学、建筑元件的数量和性质、地理信息等。BIM 是建筑行业中应用非常广泛的技术，可以收集建筑项目具体操作流程当中的相关信息，从而建立起数字化的信息平台。使用 BIM 技术改变了传统图纸当中的平面模式，可以呈现出多维度的建筑信息。借助于 BIM 技术可以将数字化的方法技术应用在设计建造和管理的各个过程中去，提高建筑项目的整体质量和效率，避免建筑工程管理失控的现象的发生，减少危险情况出现的概率。BIM 技术具有可视化、优化性、协调性等特点。其中可视化可以理解为利用 BIM 技术能够非常直观地展示建筑具体信息，减少建筑施工的复杂程度，为建筑施工提供便利，而且还能够解决传统二维施工图纸中遇到的重叠性问题；优化性指的是 BIM 技术能够提供各种信息，主要包括几何信息、规则信息，还有物理信息等，从而优化工程项目；协调性指的是为了使工程项目进展顺利，需要多个部门之间的协调与配合，进行团队合作，完成项目施工工作。使用传统的协调模式会发生很多的问题，因为传统的协调属于事后协调型，当问题出现之后才对问题进行协调解决，这种模式非常浪费时间，影响工期，利用 BIM 技术能够很好的解决这一问题。

二、BIM 在智能建筑设计中的实施要点

对于智能建筑而言，其电气工程中的弱电系统中 BIM 技术的应用，主要包括弱电间的设备排布、弱电机房、远程监控以及能耗的分析方面。BIM 技术的主要功能是实现建筑主体与弱电系统之间的关联协调性，从而实现机房设计的合理性。比如，以 BIM 技术为主要平台，实现建筑的门禁、停车管理系统以及安防等系统的设计。利用 BIM 系统，以三维模型的方式，将安防监控摄像机进行绘制，该安防摄像机的监控区域、视角以及状态等信息可以在 BIM 系统三维模型中显示。

（一）项目前期准备

为了工作效率，避免重复工作，所处的图纸应当与制图标准相符合。在项目的前期应当做好以下几个方面的工作：①协同方式的选择。当前，Revit 软件有三种协同设计方式，主要包括各个专业单独建立中心文件，通过互相链接的方式进行信息传递；建筑、结构共用一个中心文件，机电专业共用一个中心文件；各个专业共用中心文件。在项目的开始实施之前需要对每一种方式进行压力测试，对每一种面积与模型深度不同的情况进行软件运行，从而保证它的运行流畅。②项目样板设置。当前，二维图纸仍然是具有法律效力的设计成果文件，所以在 BIM 设计中，不仅要完成三维信息模型，还需要通过信息模型转化成为二维的施工图。

（二）平面绘图

（1）设备布置。对已经设置完成的项目样板可以先打开设置，链接建筑模型，然后与弱电系统的构建放置进行链接。三维平面的布置和二维绘图之间的差别之处就在于除过平面定位之外，还有安装高度，对于在二维平面中不适宜处理的地方，可以利用三维视图以及剖面图等方式，从而实现剖面、平面以及三维的同步的修改。

（2）设备族库。在建筑弱电系统中，图纸表示的是每一个系统之间的关系，有自己的符号，和实物相比关系不是很大。BIM 的出图对智能建筑弱电系统的设计而言是一个非常大的挑战，既需要模型，有需要有二维图例，以供出图。依据系统。专业的不同，要选择不一样的族样板，利用放样、拉伸等等绘制族三维模型，根据具体需要添加电压等级、尺寸标注、材质等参数形成参数化族，后期通过调整参数可以使族适应不同的需求。

（三）专业配合

在三维模型之中，可以建立协调试图，通过这样的方式，可以对设备的安装高度进行实时的查看，桥架的位置之间是否存在交叉或者是弱电与强电之间的插座距离是不是合理等问题。在三维协调设计过程中，碰撞检查是一个非常必要的内容，按照项目的不同内容与特点，建立与之相适应的碰撞检查方式，在 Revit 协同设计之中，各个专业能够实时共享各自的设计信息,从而直观地反映各个专业间的碰撞情况,为设计的修改和完善提供方便。

（四）最终出图

在最终模型得到业主确认后，便可以根据该模型出具最终二维图纸。Revit 具有多种输出方式，可批量导出 PDF 或各种版本的 DWG 文件。在前期设计阶段由于业主方要求或审核审定需要，可能已经出过几版图纸，但经过碰撞检测后进行的模型调整使很多线槽的位置和高度发生变化。

随着建筑工程行业的发展，建筑设计的作用愈加的突出，BIM 信息技术作为一种新型的设计辅助方式，有效的改变了当前建筑设计的现状，在建筑设计项目中有着较大的优势。因此，在实际应用中，要不断总结 BIM 技术的应用经验，加大对该技术应用的推广力度，从而实现经济效益和社会效益的共同发展和进步。

第二节　智能建筑创新能源使用和节能评估

建筑是人类生活的基本场所，随着社会的发展，人口不断增长，城市的建筑规模也在不断增大，大型的建筑群也雨后春笋般增长，建筑产业在社会总能耗量中的比重增加。因此，为了缓解大型建筑的建设对我国造成的经济压力，我国开始建设智能化体系的建筑，通常简称为“职能建筑”。智能建筑在节能环保方面有着功不可没的作用。文章将对智能建筑的节能进行系统的分析，对以后建筑建设中的节能提供有效的措施。

建筑是人类生存的基本场所，但是也消耗了大量的人力、物力和财力。目前，智能建筑的建设已经被人们所认可，得到了相关建筑部门的重视。我国高度重视能源的节约问题，中国近年来能源消耗严重，必须采取有效的措施减少能源的消耗。现在，我国的建筑中，只有极少数的建筑可以达到国家规定的节能标准，其中大多数的建筑都是高耗能的，能源的消耗和浪费给我国的经济造成了严重的负担。一系列事实表明，建筑的能耗问题制约着我国的经济发展。

一、我国智能建筑的先进观念

所谓智能建筑，指的是当地环境的需要、全球化环境的需要、社团的需要和使用者个人的需要的总和。智能建筑遵循的是可持续发展的思想，追求人与自然的和谐发展，减轻建筑在建设过程中的能耗高的问题，并降低建筑建设过程中污染物的产生。智能建筑体现出一种智能的配备，指在建筑的建设过程中采取一种对能源的高效利用，体现出以人为本的宗旨。中国在发展智能建筑时，广泛借鉴美国在节约资源能源和环境保护方面所采取的严厉措施，节能和环保已经成为我国建设智能建筑的一项重要宗旨。如果违背了节能环保的原则，智能建筑也就不能称之为智能建筑了。建设智能建筑是我国贯彻可持续发展方针的一项重大的举措，注重生态平衡，注重人与人、人与自然和谐相处。但是，我国现在的职能建筑还是有一定缺陷的，并没有从根本上做到低能耗、低污染，由此可见，只有通过对智能建筑的不断研究，充分实践，才能挖掘出智能建筑的真正内涵所在，真正实现能源的节约和可持续发展的理念。

二、智能建筑可持续发展理念的分析

智能建筑影响着人们的生活和发展，从目前中国的科技发展水平来看，“人工智能”还没有达到人类的智能水平，智能建筑具有个性化的节能系统而著名，这样的建筑物主要是满足我国能源节约的需要而研究的。但是要想真正意义上实现智能的职能，我国在建设智能建筑的时候不仅仅要落实科学发展观的基本理念，也要运用生态学的知识来分析建筑与人之间的关系，建筑与环境之间的关系。

可持续发展战略是我国重要的发展理念，它要求既能满足当代人的需要，又不对后代的人满足需要构成威胁。可持续发展观是人类经历的工业时代，人们片面追求经济利益而忽视了环境保护造成不良后果后而进行的反思。在建筑的建设过程中，大量的森林被砍伐用作建筑材料，有些建筑所用的材料还是不可再生的资源，这对人类的发展和后代的生存构成了很大的威胁。

因此，我国为了体现建筑在建设过程中的可持续发展战略，智能建筑应运而生。智能建筑是一种绿色的建筑，体现了人与自然的和谐相处。

三、制约职能建筑发展的因素

（1）社会环境与社会意识的影响。我国的建筑业在发展过程中没有实质性的纲领，尤其是在智能建筑上，盲目的追求节能，在节能的同时就消耗了大量的财力，实际上没有节省下能源。我国对智能建筑的认识还不够全面，而国外对于智能建筑的认识就相对全面些，因此，引进国外对于智能建筑的相关见解，能够促进我国智能建筑的建设，实现能源的节约与能源的充分利用。这对我国实现智能建筑的可持续性具有重要意义。

（2）我国在智能建筑的建设方面的总体布局与设计、深化布置与具体的实施方案不协调，甚至产生了严重脱节的现象。

这样，在智能建筑的建设过程中，就会出现很多意想不到的状况，使智能建筑的建设难以达到预期的目标。

（3）我国智能建筑在工程的规划、管理、施工、质量控制方面，没有相应的法律法规进行约束和规范。

我国智能建筑在建设的过程中没有清晰和明确的思路，施工人员没有受到法律法规的约束，对生态、节能、环保的重视程度不够。

（4）我国智能建筑没有在自主创新的思路上进行建设，缺乏自主知识产权。

我国总是在一味借鉴他人的经验，智能建筑建设过程中所采用的方法不得当。

（5）我国智能建筑的建设没有其他的配套措施。

我国的建筑在建设完毕后，没有相应的标准对建筑物进行评估。

四、创新节能思路和方法

（一）积极探索新节能改造服务道路

节能改造是维系整个建筑行业有效发展的重要途径，从我国建筑行业真实情况中发现，智能建筑创新能源发展要想真正地实现低碳化，就要不断地加强宣传活动，积极鼓励节能减排，并且要积极推广新能源的利用，经如风能、太阳能，有效地控制不可再生能源的消费和利用，目前不可再生能源的利用在建筑行业中仍旧占据主导地位，不可再生能源的利用要严重超过可再生能源的利用，为此，需要将宣传活动积极转化为实践活动，比如开放低碳试点，遏制高耗能产业的扩大，控制能源的消费和生产，大力发展能耗低、效益高、污染少的产业与产品，从低碳交易、工业节能、建筑节能等各个方面进行深入研究，建立完善的低碳排放创新制度，目前已经有多数地方实现了节能发展，据 2012 年建筑能耗占我国全社会终端能耗的比例约为 27.5%，比以往降低了 10 个百分点。

（二）结合市场规律优化节能改造

就智能建筑创新能源使用进行分析，实现建筑节能已经成为发展中的重要任务，比如从当前建筑生命周期来分析，最主要的能耗来源于建筑运行阶段。因此，就我国 400 多亿平方米的存量建筑而言，有效降低建筑运行能耗至关重要。为此，需要加强对市场规律的研究，对市场动态为导向，不断地优化区域能源规划。

（三）空调等设备的节能

在智能建筑中应降低室内温度，室内温度严格按照国家规定的标准进行调制，夏季温度应保持在 24 度到 28 度，冬季温度应保持在 18 度到 22 度。在国家规定的幅度内，可以采用下限标准进行节能。空调的设定要控制在最小风量，在夏季和冬季，风量越大，反而产生的热量就越多，所以把风量调到最小，可以实现能源的节约。空调在提前遇冷是要关闭新风，在新的建筑中，空调在开启时要关闭所有的风阀，这样可以减少风力带来的负荷对能源的消耗。空调温度的设计要根据不同的区域进行不同的设定，如在大酒店，博物馆等较大的空间内，可将温度调节到比在其他的室内稍微低的温度，在较小的区域内，如在教师等地方，一定要严格执行国家标准进行空调温度的调节。

智能建筑是我国进行建筑的建设所追求的永恒主题，智能建筑在中国的市场还是十分广阔的，通过正确的分析和处理，采用正确的方法和思想观念理解、开发正能建筑，对中国建筑业的发展具有重要的意义。中国只有在狭隘的发展模式中走出来，真正地理解了智能建筑发展的精髓所在，才能切实地实现智能建筑的可持续的良性发展。

第三节 建筑电气与智能化专业实验室

在建设新实验室的过程中，特别是专业实验的建设，如何使其更加面向实际，贴近实际工程，是必须首先考虑的问题。现结合建筑电气与智能化专业实验室的建设，坚持创新，用创新的思想建设实验室。通过创新，提出了“实验设备＋工程背景”新概念，即实验室不仅是实验场所，同时也是工程现场。这一创新思想在实验室的整个建设过程中得到了验证，证明这些观点和做法是可行的，有着一定的推广和借鉴意义。

目前，国内应用型本科院校在培养人才方面越来越重视对学生的动手能力的培养，特别是教育部最新提出卓越工程师的培养计划以后，更是强调实践的重要性。无论是从教学计划的内容，还是实践环节学时数的安排，都得到了空前的加强，这无疑是件好事，但同时也给实验教学和实验室的建设造成了巨大的压力，提出了许多新的课题。譬如在新形势下，实验室如何建设的问题。

解决这些问题的出路在于指导思想的转变，打破原有各种条条框框，充分利用现代技术和手段，用创新思想建设实验室和管理实验室。应用型本科院校的实验室究竟应当怎样建设与管理，建筑电气与智能化专业实验室在建设过程中提出的一些新的思想和新的做法，对今后的实验室建设与管理有着一定的实际意义。

一、要用创新思想指导实验室的建设

随着科学技术的飞速发展，技术的不断更新，新学科的不断涌现，致使学科之间呈现出大量的学科交叉、融合、知识共用等现象和特点。因此，实验室建设也要用创新思想来指导，以适应科学技术的发展。具体做法如下。

（一）缩小实验室规模，提高实验室与实验设备的利用率

每个实验室不宜过大，同一种实验设备也不宜购置过多，特别是专业实验室，设备的体积往往很大，且过于笨重，同时，也会受到资金和实验场地的限制，因此，同一种设备更不宜过多购置，以减少实验室空间的占用和设备过多地重购，也有利于为设备的不断更新创造条件，预留空间。

由于同一种实验设备减少，每一次实验安排的学生人数必然减少，这样可以在做实验的学生中防止滥竽充数、搭便车和蒙混过关的现象，提高实验的实际效果；同时，实验设备的利用率必将大大提高，实验室的使用效率也得到提高。

（二）改进实验室的管理模式，采用实验室预约方式管理

在学分制的教学管理体制下，现在每个学生的学习计划（课表）都呈现出个性化和多

样性的特点，要想让学生整班集中在一起做实验的管理方法实施起来将越来越困难。因此，采用预约实验的管理方法是一种非常适合的一种实验管理方法，同时还可以实现网上预约。

所谓网上预约的方法，就是学生可以在任何地方、任何时间通过网上的“实验预约管理系统”进行实验预约。实验室教师将实验室中所能开设的各种课程必做实验和开发学生兴趣的实验在网上公布，并为每个实验提供实验指导书。同时，实验室的教师根据做每个实验所需的时间，将每个学期能够做实验的时间划分为若干个时间段，以便供学生根据自己的学习计划选择，进行网上预约或现场与实验教师预约。今后，还可以通过手机进行实验预约。预约的内容包括做哪个实验，选择实验的时间段等。

实验室实行全天开放（假期也开放）的开放式管理。利用现代化的门禁系统，实行进、出实验室都刷卡的方式进行管理。学生是否去实验室做了实验，在实验室逗留时间多少都可以通过门禁系统反映到网上来；同时，利用实时监控系统对实验室进行 24h 的监控。使实验室全部计算机管理而不是由人来管理，这就减少了人为因素，保证了结果的公平公正。

实验室教师的角色也逐渐地由带实验或指导实验，转变到工作重点是如何写好实验指导书，制定评定学生实验报告成绩的标准上来。学生根据实验指导书应当能够自主地独立完成实验，写出实验报告。只有这样，才能够使实验室的建设和管理适应教学不断改革的要求。

二、实验室建设要强调设计实验室，面向实际应用，面向设计需求

在建设专业实验室时，要突出现代化的特征，要强调设计实验室，融入专业发展的要求，要面向实际应用，面向学生设计的需求。所有购置的设备都应接近实际生活中正在使用的设备，或设备的使用环境，而不应当仅局限于验证课程中的某一理论，这一点对于专业实验室的建设尤为重要。为了实现这一目标，仍然需要在建设实验室的过程中进行创新。

（一）明确自身的目标，对实验设备进行再设计

在采购楼宇供电设备时，发现一些教学设备生产厂家将楼宇供电设备与照明设备结合在一起，其目的就是将照明部分作为供电设备的负载，表面上看一套设备综合了 2 个实验的功能，可以同时完成 2 种实验，具有占地少，设备集成综合性好的特点。但是，这样的实验设备也造成了供电与照明互相制约，各自不能独立工作，各自的作用互相受到限制，实验时，供电设备只能用于照明设备的供电，不能为其他设备供电，各种故障和现象都需要人为制造，不便于自由地开发楼宇供电的其他实验。

分析了生产厂家为什么这样做的原因之后，在建设新的实验室时就强调，楼宇供电设备实验装置既然能够给楼宇供电，就应当能够为实验室内的各种设备供电，作为一个单独的实验室供电设备，以整个实验室的设备为供电对象或负载，真实地再现和模拟实际供电情况。

电源的监控部分不仅能够监控和处理人为设置的各种故障和随机出现的各种故障现象，同时，也使楼宇供电设备能够与其他实验设备自由组合，增加了负载的多样性。这样一来，对供电设备的容量、输出线路的路数、测试点的个数，监控部分都提出了新的实际要求，促使厂家对设备进行再设计，以满足供电设计实验的需要，这既促进了企业提升产品档次，同时，在设备设计的理念上融入了新的思想和新的要求，更加贴近工程实际。

（二）用新思维、新概念建设实验室，使之具有工程背景和环境特征

实验设备要实用化、工程化，接近真实环境是在新建实验室的建设过程中十分强调的问题。特别是在建筑电气与智能化实验室的建设过程中，提出了“实验设备+工程背景”概念，即将实验室的每项实验设备的建设分为两部分。一部分是实验设备，另一部分则是与此对应的工程建设部分，也是实验设备向工程实际的延伸和扩展，使新建的实验室既是实验场所，同时也是工程现场。实验设备或装置主要是完成理论的验证，而工程部分则是由学生通过实验台来完成对工程背景进行控制与操作，使学生有一种身临其境的感觉。“实验设备+工程背景”的思想几乎贯穿在整个实验室建设中的各个系统设计之中，也是该实验室建设过程中的创新点。

实验室中“工程背景”这一概念的提出，使学生所学的知识有了用武之地和施展的空间。使学生能够通过软件对真实的工程背景进行编程设计，着重培养工程设计与创意设计能力，体现出应用型本科院校在人才的培养方向上突出应用性的特点。

三、建筑电气与智能化专业实验室建设实例

（一）EIB 照明系统建设的创新

以建筑电气与智能化专业实验室中照明系统建设为例。该照明系统采用了目前国际最先进的 EIB 总线系统。在建设过程中，根据“实验设备+工程背景”的设计理念，不仅设计了 2 台套 EIB 总线系统的照明实验设备，购置了 2 套正版 EIB 系统调试软件，而且在实验室的吊棚上，以点阵布局方式安装了由 98 盏灯构成的实际照明系统作为工程背景，通过由 EIB 窗帘驱动器器控制的窗帘营造出一种真实的家居环境，在走廊中安置了由 EIB 人体感应器控制的 30 盏走廊路灯，供学生做工程体验，并进行各种图案的编程设计和家居环境设计。

学生在实验台上，既可以通过编程完成实验台上的 8 盏灯照明控制的基本实验，同时又可以通过网关将实验台与作为工程背景的实际照明系统相连接，在实验台上通过系统调试软件就能够对吊棚上的照明系统进行各种照明图案的设计与编程；通过对走廊传感器的亮度感应值的设定，可以实现白天人经过走廊灯不亮，只有晚上或光线暗到一定程度时灯才随着人的走动渐亮渐灭的节能功能，以及窗帘的定时开闭功能。

（二）监控系统建设的创新

按照“实验设备＋工程背景”的构思，在建筑电气与智能化专业实验室中，设置了2套监控系统，一套为监控培训系统，以整个实验大楼作为工程背景和载体，摄像机就安装在楼内各个实际监控点上，每层楼安装2个监控摄像机，可以对整个实验大楼的6层楼进行监视，在实验室的内部和外部也都在墙上安装摄像机。在监控室内安装了由17个21寸彩色监视器组成的屏幕墙；由一个控制台控制，既可以做实验，又可以直接作为保安监控室用。另一套作为24h实时监控用。2套系统全部按照安全防范的规范要求进行设计，实时监控系统还与门禁系统和校园一卡通相连接，为实现预约实验管理、学生刷卡进入实验室，对实验室进行24h的监控，为打造无人值守的实验室奠定了坚定的基础。

可以说，EIB照明系统和监控系统工程部分的建设，彻底颠覆了目前市场上采用网孔板搭成的框架或采用小房子模型来模拟工程实际背景的设计，而且直接以实验室的墙壁、大楼本身和室内吊棚为依托背景进行工程部分的安装和设计。这样做既解决了应用型本科院校实验室场地狭小，面积不够大的问题，同时也使实验过程、内容更加接近实际，学生看到的就是将来在实际楼宇中所看到的。

（三）LONGWORK总线的实验创新

在建筑电气与智能化专业实验室建设过程中，不仅购买了LONG总线综合控制台设备，而且要求厂方能够利用该设备将实验室内的各个LONG总路线设备连接起来，在实验室内部形成一个局部的LONG网络控制系统。通过连接成的LONG网络控制系统，使学生能够利用LONG网络控制系统，通过LONG综合控制台设备对实验室内的其他LONG总线设备进行控制，甚至可以通过互联网进行远程控制，使学生对LONG总线不只是停留在认知的程度上，而且能够实际操作，使LONG总线设备构成的控制网络具有一定的工程意义。

（四）实训系统框架和消防系统工程背景的创新设计

除了实验装置以外，考虑到实验室场地的共用性，专门设计了4套可折叠的十字架培训系统，供学生进行设备的拆卸、组装实验，十字架培训系统的可折叠的功能是由浙江科技学院首先提出和设计的，是一个创新设计，是针对应用型本科院校实验室场地小、共用性强的特点专门设计的，具有自主的知识产权。

另外，还为2套消防系统实验台设计了对应的工程背景，如烟雾传感器、喷淋头，并实现了联动，可以实时地再现生活中的消防过程和环境。

以上实例表明，实验室的建设过程也是设计实验室的过程，而设计实验室的过程就是创新的过程，要用创新的思想去建设，通过创新使建筑电气与智能化专业实验室更加面向应用，贴近实际。如实验中使用的EIB软件就是目前杭州大型酒店、写字楼中正在使用的软件。因此，学生通过对实验室的工程背景进行编程，掌握该软件的使用方法后，学生就可直接上岗工作，真正做到了“今日校内之所学，即为当前社会之所用”的目的，大大缩短了从学校走向工作岗位的适应期。

综上所述，如何建设实验室始终是一个需要不断进行研究的课题。要用创新的思想指导实验室建设与管理，要不断地进行实验教学改革，以适应理论教学和教学改革的要求。在实验室的建设过程中提出的“实验设备＋工程背景”的思想就是一种创新的思想，也是不断总结前人经验的结果。虽然“实验设备＋工程背景”的思想是在建设建筑电气与智能化专业实验室过程中提出来的，但对今后其他专业实验室的建设将起到一定的借鉴作用和推动作用。

第四节　智能建筑施工与机电设备安装

在城市发展进程中引入了很多最前卫的技术手段并获得了大面积的运用，同时人们对各类生活及工作设备的标准也在逐步提升，随着智能建筑概念的引入，各种城市建造的飞速进步让现今的建筑项目增加了不少的困难，相对应的智能手段与智能技术的运用也在不断的提升与增多。建筑安装技术的创新演化出大量的智能型建筑，让其设备变为智能建筑作业中的核心与关键点，更是强化质量的前提。

智能建筑是融合信息与建筑技术的产物。它以建筑平面为基础，集中引入了通信自动化、建筑设备自动化与办公自动化。在智能建筑中机电设备是必不可少的一部分，只有使机电设备的安装质量佳才能保证智能建筑的总体质量。所以，只有监管好了机电设备的安装质量，才能使智能建筑的总体质量大幅提升。

一、在智能建筑作业中机电设备安装极易产生的问题

（一）机电安装中存在螺栓连接问题

在智能建筑施工中，螺栓连接是最基础也是非常重要的装配，螺栓连接施工质量影响着电气工程电力传导，所以，在开展螺栓连接施工的时候，必须要加强对施工质量的控制。在对螺栓进行连接的时候，如果连接不紧固，那么将会导致接触电阻的产生，在打开电源后，机电设备会因为电阻的存在，而出现突然发热现象，不仅会给机电设备的正常运行带来极大的影响，严重的甚至会导致安全事故的发生，加大建筑使用的安全隐患。

（二）电气设备故障

在对机电设备进行安装的时候，电力设备产生问题关键体现于：一是在电气设备安装过程中，隔离开关部位接触面积不合理，与标准不相符，导致隔离开关容易氧化，进而加大电气事故发生概率；二是在电气设备安装过程中，没有对断路器的触头进行合理的安装，

导致断路器的接触压力与相关标准不相符，进而预留下严重的安全隐患；三是在安装电力设备时，未通过科学的检查就进行安装，很多存在质量问题的电力设备都直接安装使用，这些电力设备在实际运行的时候，很难保持良好的运行状态，容易导致电力安全事故的发生；四是电气设备在实际安装与调试的时候，相关工作人员没有严格遵循安装规范与调试标准来进行操作，从而导致电气设备的故障率大大增加，进而引发电气安全事故。

（三）机电设备安装产生的噪声大

现如今，随着我国建设行业发展速度的不断加快及人们生活水平的逐渐提高，人们对建筑环保性也提出了更高的要求，所以，在开展智能建筑施工的时候，必须要始终坚持环保性原则，对各种污染问题进行控制。不过由于智能建筑在开展机电设备安装施工的时候，会使用到大量的施工设备，而这些设备在运行时，会向外界传出大量的噪音，这些噪音的存在，会给周边居民的正常生活带来极大的影响，使周边环境受到严重的噪声污染。

二、智能建筑施工中机电设备安装质量监控策略

（一）严把配电装置质量关

在整个智能建筑中，配电装置发挥着至关重要的作用。因此，必须要加强对配电装置的重视，并严把配电装置质量关，从而保证配电装置在使用过程中能够保持良好的运行状态，确保智能建筑的使用安全。在配电装置采购阶段，采购人员必须要加强对配电装置的质量检测，确保其质量能够符合相关标准要求后，才能予以采购，如果配电装置的质量不达标，则坚决不予应用。在智能建筑中的楼道里安装变压器、高压开关柜以及低压开关柜等装置的时候，往往会遇到一些技术问题，这些技术问题很大程度的影响了装置功能的正常发挥。为了使这些技术问题得到有效解决，在开展配电装置安装作业的时候，相关技术人员必须要加强对整定电流的重视，确保电流大小与相关标准吻合，不能过大也不能过小。同时，在安装过程中，还应当加强对图纸的审核，及时发现并解决事故隐患。

（二）确保电缆铺设质量

电力工程在建设过程中，所需要的电缆线是非常多的，且种类也非常繁多。而电缆线是电能输送的重要载体，其质量如果不达标的话，那么将会给电力系统的正常运行带来很大影响，严重的还可能会导致火灾事故以及触电事故的发生。由于不同电缆有着不同的作用，且电力荷载也是不同的，所以，在开展电缆铺设施工的时候，必须要合理选择电缆，如果施工人员没有较强的技术能力或者粗心大意，不以类型划分，也没有经过严苛的审核，很容易导致在运营进程中电缆出现超负荷运行，给电缆的正常使用带来极大的影响，削弱了电缆设施的使用性能以及防火等级，给工程施工埋下非常大的安全隐患。智能建筑在实际使用的时候，会应用到大量的电力能源，如果电缆的质量不达标，或者电缆铺设不规范

的话，那么将很可能出现电缆烧毁现象，从而引发火灾事故，给周边人员的人身安全及电力系统的正常运行带来非常大的威胁，因此，必须要加强对电缆铺设质量的重视。

（三）加强配电箱和弱电设备的安装质量监控

配电箱主要控制着电能的接收与分配，为了使项目中动力、照明及弱电负荷都能正常运作，需要重视起配电箱的工作性能。现今的智能建筑项目中，使用的配电箱型号比较繁杂且数目较多，而且多数配电箱还受限于楼宇、消防等弱电设施，箱内原理繁杂、上筑下级设置合严格。此外，电力系统的专业标准与施工队伍的资质高低不一，在设计过程中，容易受到各种不利因素的影响，设计的合理性及可行性无法得到有效保障。在实际施工的时候，如果施工单位只依照设计图纸而没有重视修改部分，或者在安装时不严把技术关而直接对号入座，这样根本达不到有关专业标准。所以，业主、监理方要依据设计修改通知间来逐一审核现场的配电箱，将其中存有的错误给改正过来，比如开关容量偏大或偏小、回路数不够等。要严苛配合好电力设备的上下级容量，如果达不到技术标准，就会使系统运营与供电不稳，最终引发事故。

如今，智能建筑发展态势良好，要使其实现更好地应用发展，需要对其中机电设备安装质量加大保障力度，实行有效的质量监控，确保机电设备安装施工达到质量目标，充分发挥其自身的功能，实现各个控制系统的稳定和高效运行。

第五节　科技智能化与建筑施工的关联

工程建设中钢筋混凝土理论和现代建设技术在100多年的发展时间里，就让世界发生了翻天覆地的变化，一座座摩天大楼拔地而起，大桥、隧道、地铁随处可见，我们相信建筑时代高科技的发展一定会带来意想不到的改变。施工建设与科技智能化相结合是以后发展的必然趋势。我们期待更高的科技运用来带动更多的工程建设发展。

一、施工中所运用到的高科技手段

环保是当今全世界都在倡导以及普及的一个话题，施工建设与环境保护更是密不可分的。施工建设含义很广，像盖楼、修路都包含其中，最早的施工现场都是尘土飞扬，噪声不断，试问哪个工地能不破土破路，这样的施工必然造成扬尘及周边的噪音指标超高。为了高校控制扬尘，各个施工单位集思广益，运用高科技技术，将除尘降噪运用到各个施工现场。例如，2017年8月曾见到山东潍坊某某小商品城建项目施工现场，数辆不同类型的运输车辆和塔吊车辆依序在工地出口进行等待检测冲洗轮胎，防止带泥上路。设在出入口的电子监设备自动筛查各车辆轮胎尘土情况，自动辨别冲洗时间及冲洗次数，大大节省人力物力，并有效地控制了轮胎泥土的碾洒落等情况，提高环保的同时也高效的控制了施工成本，节约了人员成本，防止了怠工情况的发生，同时也更便捷、快速地处理了车辆等待问题，提高了工作效率。这就是高科技与低工作相结合带来的便捷、高效和低成本。

高科技与施工相结合解决不可解决的施工问题，并节约施工成本。工程建设中有一项叫修缮工程，顾名思义就是修复之前的建筑中部分破损或者有误的一些施工项目。但像国家级保护建筑，修复往往会十分困难，首先是修复后的施工部位必须与周围的建筑相融合不能看出明显的修复痕迹，再次就是人为制造岁月对施工材料洗礼后带来的沧桑，最后是修复的同时保护周围的原有建筑部能遭到二次破坏，这样的问题对施工人员及机械就提出了很高的要求。

此时 3D 打印技术就进入了工程师的脑海中，3D 打印技术是一种以数字模型为基础，运用粉末状金属或非金属材料，通过逐层打印的方式来构造物体空间形态的快速成型技术。由于其在制造工艺方面的创新，被认为是“第三次工业革命的重要生产工具”。3D 是“threedimensions”简称，3D 打印的思想起源于 19 世纪末的美国，并在 20 世纪 80 年代得以发展和推广。3D 打印技术一般应用于模具制造、工业设计等领域，目前已经应用到许多学科领域，各种创新应用正不断进入大众的各个生活领域中。

在建筑设计阶段，设计师们已经开始使用 3D 打印机将虚拟中的三维设计模型直接打印为建筑模型，这种方法快速、环保、成本低、模型制作精美并且最大程度地还原了原始的风貌。与此同时节省了大量的施工材料，并且使得修复的成功率提高很多。

缩短施工工期的同时节省减少施工成本。3D 打印建造技术在工程施工中的应用在当前形势下有重要意义。我国逐渐步入老龄化社会，在劳动力越来越紧张的形势下，3D 打印建造技术有利于缩短工期，降低劳动成本和劳动强度，改善工人的工作环境。另一方面，建筑的 3D 打印建造技术也有利于减少资源浪费和能源消耗，有利于推进我国的城市化进程和新型城镇建设。但 3D 打印建造技术也存在很多问题，目前采用的 3D 打印材料都是以抗性能为主，抗拉性能较差，一旦拉应力超过材料的抗拉强度，极易出现裂缝。正是因为存在着这个问题，所以目前 3D 打印房子的楼板只能采用钢筋混凝土现浇或预制楼板。但对于还原历史风貌建筑，功效还是十分显著的。

二、增加人员安全系数

建筑业依赖人工，如何解放劳动力，让工序简单，质量可控，当下国内建筑业在提倡“现代工业化生产”。简单来说：标准化设计、工厂化生产、装配化施工、一体化装修、信息化管理，绿色施工，节能减排，这些都是建筑产业转型升级的目标。关于这一点，国家相关部门当然十分重视的，也是必然趋势。

随着建筑业劳动成本逐年增加，承包商都叫苦不迭，怨声载道，再加上将来的年轻人不愿上工地做农民工，再这样走下去建筑施工业持续发展会十分困难，此时就要依靠先进的机械化生产了，机械力取代劳动力的时日就可指日可待了。

高科技现代化节约人力物力，可应用于各个行业，比如芯片镭射技术；作为质量检测的技术，十分方便，材料报验、工序报验等工作更是方便许多，与此同时也大大地提高了检测的准确率；BIM 技术作为国外推行了十多年的好技术，指导各个专业施工很方便，而且可直接给出料单以及施工计划，当然省时省力。

其实，真正导致建筑业不先进的地方是管理与协作模式，这是建筑业效率低下的主要原因，也许解放双手，更新劳动力的科技化，是后期建筑业的发展趋势也是缩短工期节约成本提高质量的必然要求。

三、高科技对工程建设不但高效节能，还可以节约工程成本避免资源浪费

如今的中国，已位居建筑业的榜首国家，据统计，去年我国建筑业投资就过亿美元，但是这并不是我们值得自豪的骄人战绩，其负面效应正在日益显露出来，随着国家刺激经济的措施推动及地方政府财政的需求，土地、原材料成本的上升，造成了部分城市住宅的有价无市，房屋空置率持续上升。此外还造成能源和资源的浪费，使中国亦成为世界头号能耗大国，频繁的建造造成的环境污染更是日益严重，而且许多耗费巨资的建筑，却往往是些寿命短、质量差的“豆腐渣”工程。我们为造成这样的局面寻找出众多原因，但目前我国建筑工程中过仍然多地依赖传统工艺和材料，缺少在施工过程中运用高科技必然是其中最主要的原因之一。

首先，我国建筑能耗占社会总能耗的总量大、比例高。我们在施工过程中大多采用传统的建筑材料，保温隔热性能得不到保证，目前我国建筑达不到节能标准，建筑能耗已经占据全社会总能耗的首位。

其次，地价、楼价飙升，楼宇拆迁进度加快，导致部分设计单位、施工企业对建筑物耐久性考虑较少，而施工中采用的技术手段过于传统，工程质量得不到保证，建筑物使用寿命降低。据统计，我国建筑平均使用寿命约 28 年，而部分发达国家像英国、美国等建筑平均使用寿命可长达 70 ~ 132 年之久。

最后，若依然使用传统方法，对于高速运转的当今社会来讲，工程质量、安全便可能得不到更有力的保障。目前我国的建筑业只是粗放型的产业，技术含量不高，超过 80% 的从业人员均是农民工群体，缺乏应有的质量意识和安全意识，而质量事故、安全事故也屡有发生。

若在不久的将来，高科技替代人工建筑，将农民工培养成机械高手，利用机械的手段实施建设，即使有意外的发生，也可以大大减少伤亡率，保证工人的生命安全，降低工程质量的人为偏差，更加高效地保证建筑质量。

工程建设中钢筋混凝土理论和现代建设技术在 100 多年的发展时间里，就让世界发生了翻天覆地的变化，一座座摩天大楼拔地而起，大桥、隧道、地铁随处可见，我们相信，

高科技的发展对建筑时代的来临一定会给我们带来意想不到的改变。哥本哈根未来研究学院名誉主任约翰·帕鲁坦的一句话值得我们深思：我们的社会通常会高估新技术的可能性，同时却又低估它们的长期发展潜力。施工建设与科技智能化相结合是以后发展的必然趋势。我们期待更高的科技运用来带动更多的工程建设发展。

第六节 综合体建筑智能化施工管理

建筑智能化是以建筑体为平台，实现对信息的综合利用，是信息形成一定架构，进入对应系统，得到具体利用。那么对应就要有对应的管理人员予以管理，实现信息优化组合。综合体建筑则是在节省投资基础上实现建筑最多的功能，功能之间能够有效对接，形成紧密的建筑系统。综合体建筑智能化施工，也就意味着现代建筑设计方案和现代智能管理技术融合，是骨架和神经的充分结合，赋予了建筑体一定的智能。本论文针对综合体建筑智能化施工管理展开讨论，希望能够找到具体工作中难点，并找到优化的途径，使得工程更加顺畅地进行，提高建筑的品质。

随着我国环保经济的发展，建筑体设计趋于集成化、智能化，即一个建筑容纳多种功能，实现商业、民居、休闲、购物、体育运动等等功能，节省土地资源降低施工成本提升投资效益。而智能化的体现主要在于综合布线系统为代表的十大系统的合理设计和施工，实现对建筑体功能的控制。这就决定了该工程管理是比较复杂的，做好施工管理将决定了总体工程的品质。

一、综合体建筑智能化施工概念及意义

顾名思义以强电、弱电、暖通、综合布线等施工手段对综合体建筑智能化设备予以链接，使得综合建筑体具有的商业、民居、休闲、购物、体育运动、地下停车等功能得以实现。这样的施工便是综合体建筑智能化施工。也就是综合体建筑是智能化施工的平台，智能化施工是通过系统布线，将建筑工程各功能串联起来，赋予了建筑以智能，让各系统即联合又相对独立，提升建筑体的资源调配能力。建筑行业在我国属于支柱产业，其对资源的消耗是非常明显的，实现建筑集成赋予建筑智能，是建筑行业一直在寻求的解决方案，只是之前因为科技以及经验所限，不能达成这个愿望。而今在“互联网 +”经济模式下，综合体建筑智能化施工，是将建筑和互联网结合的产物，对我国建筑业未来的发展具有积极的引导和促进作用。

二、综合体建筑智能化施工管理技术要求

任何工程的施工管理第一个目标就是质量管理。综合体建筑智能化施工管理，因为

该工程具有多部门、多工种、多技术等特点，导致其管理技术要求更高，对管理人才也提出了更加严格的要求。在实际的管理当中，管理人才除了对工程主体的质量检查，还要控制智能化设备的质量。然后要对设计图纸进行会审，做好技术交底，并能尽量避免设计变更，确保工程顺利开展。其中监控系统是负责整个建筑的安全，对其进行严格检测具有积极意义。

（一）控制施工质量

综合体建筑存在设计复杂性，其给具体施工造成了难度，如果管理不善很容易导致施工质量下降，提升工程安全风险，甚至于减弱建筑的功能作用。为了规避这个不良结果，需要积极地推出施工质量管理制度，落实施工安全质量责任制，让安全和质量能够落实到具体每个人的头上。而作为管理者控制施工质量需要从两方面入手，第一要控制原材料，第二要控制施工技术。从主客观上对建筑品质进行把控。首先要严格要求采购部门，按照要求采购原材料以及设备和管线，所有原材料必须在施工工地实验室进行实验，满足标准才能进入施工阶段。而控制施工技术的前提是，需要管理者及早介入图纸设计阶段，能够明确各部分技术要求，然后进行正确彻底的技术交底。最重要的是，在这个过程中，项目经理、工程监理能够就工程实际情况提出更好的设计方案，让设计人员的设计图纸更接近客观现实，避免之后施工环节出现变更。为了保证技术标准得到执行，管理人员要在施工过程中对各分项工程进行质量监测，严格要求各个工种按照施工技术施工，否则坚决返工，并给予严厉处罚。鉴于工程复杂技术繁复，笔者建议管理者成立质量安全巡查小组，以表格形式对完成或者在建的工程进行检查。

（二）智能化设备检查

综合体建筑的智能性是智能化设备赋予的，这个道理作为管理人员必须要明晰，如此才能对原材料以及智能化设备同等看待，采用严格的审核方式进行检查，杜绝不合格产品进入工程。智能化设备是实现综合建筑体的消防水泵、监控探头、停车数控、楼宇自控、音乐设备、广播设备、水电气三表远传设备、有线电视以及接收设备、音视频设备、无线对讲设备等等。另外，还有将各设备连接起来的综合布线所需的配线架、连接器、插座、插头以及适配器等等。当然控制这些设备的还有计算机。这些都列在智能化设备范畴之内。它们的质量直接关系到了综合体建筑集成以及智能水平。具体检查要依据设备出厂说明，参考其提供的参数进行调试，以智能化设备检查表一个个来进行功能和质量检查，确保所有智能化设备功能正常。

（三）建筑系统的设计检查

施工之前对设计图纸进行检查，是保证施工效果的关键。对于综合体建筑智能化施工管理来说，除了要具体把握设计图纸，寻找其和实际施工环境的矛盾点，同时也要检查综合体建筑各部分主体和智能化设备所需预留管线是否科学合理。总而言之，建筑系统的设计检查是非常复杂的，是确保综合体建筑商业、民居、体育活动、购物等功能发挥的基础。需要工程监理、项目经理、各系统施工管理、技术人员集体参加，对工程设计图纸进行会审，以便于对设计进行优化，或者发现设计问题及时调整。首先要分辨出各个建筑功能板块，然后针对监控、消防、三气、音乐广播、楼宇自控等一一区分并捋清管线，防止管线彼此影响，并一一标注方便在施工中分辨管线，避免管线复杂带来的混杂。

（四）监控系统检测

综合体建筑涉及了民居、商业、停车场等建筑体，需要严密的监控系统来保证环境处在安保以及公安系统的监控之下。为了保证其符合工程要求，需要对其进行系统检测。在具体检测中要对系统的实用性进行检测，即检查监控系统的清晰度、存储量、存储周期等等。确保系统具有极高的可靠性，一旦发生失窃等案例，能够通过存储的视频来寻找线索，方便总台进行监控，为公安提供详细的破案信息。不仅如此，系统还要具有扩展性，就是系统升级方便，和其他设备能有效兼容。最终要求系统设备性价比高，即用最少的价格实现最多的功能和性能。同时售后方便，系统操作简单，方便安保人员操作和维护。

三、综合体建筑智能化施工管理难点

综合体建筑本身就比较复杂，对其进行智能化施工，使得管理难度直线上升。其中主要的管理难点是因为涉及空调、暖气、通风、消防、水电气、电梯、监控等等管道以及设备安装，施工技术变得极为复杂，而且有的安全是几个部门同时进行，容易发生管理上的混乱。

（一）施工技术较为复杂

比如空调、暖气和通风属于暖通工程，电话、消防、计算机等则是弱电工程，电梯则是强电工程，另外还有综合布线工程等等，这些都涉及了不同的施工技术。正因为如此给施工管理造成了一定的影响。目前为了提升施工管理效果需要管理者具有弱电、强电、暖通等施工经验。这也注定了管理人才成为实现高水平管理的关键。

（二）难以协调各行施工

首先主体建筑工程和管线安装之间就存在矛盾。像综合体建筑必须要在建筑施工过程中就要预留管线管道，这个工作需要工程管理者来进行具体沟通。这个是保证智能化设备和建筑主体融合的关键。其次便是对各个工种进行协调，确保工种之间有效对接，降低彼此的影响，确保工程尽快完成。但在实际管理中，经常存在建筑主体和管线之间的矛盾，导致这个结果的是因为沟通没有到位，是因为项目经理、工程监理没有积极地参与到设计图纸环节，使得设计图纸和实际施工环境不符，造成施工变更，增加施工成本。另外，在综合布线环节就非常容易出现问题，管线混乱缺乏标注，管线连接错误，导致设备不灵。

四、综合体建筑智能化施工管理优化

优化综合体建筑智能化施工管理，就要对影响施工管理效果的技术以及管理形式进行调整，实现各部门以施工图纸为基础有条不紊展开施工的局面，提升施工速度确保施工质量，实现综合体建筑预期功能作用。

（一）划分技术领域

综合性建筑智能化施工管理非常繁复，暖通工程、强电工程、弱电工程、管线工程等等，每个都涉及不同技术标准，而且有的安装工程涉及设备安装、电焊操作、设备调试，要进行不同技术的施工，给管理造成非常大影响。为了提高管理效果，就必须先将每个工程进行规划，计算出所需工种从而进行科学调配，如此也方便施工技术的融入和监测。比如暖通工程中央空调安装需要安装人员、电焊人员、电工等，管理者就必须进行调配，保证形成对应的操作团队，同时进行技术交底，确保安装人员、焊工以及电工各自执行自己的技术标准，同时还能够彼此配合高效工作。

（二）建立完善的管理制度

制度是保证秩序的关键。在综合体建筑智能化施工管理当中，首先需要建立的制度就是《工程质量管理制度》，对各个工种各个部门进行严格要求，明确原材料和施工技术对工程质量的重要性，从而提升全员质量意识，对每一部分工程质量建立质量责任制，出现责任有人负责。其次是《安全管理制度》，对施工安全进行管制，制定具体的安全细则，确保工人安全操作，避免安全事故的发生。其中可以贯彻全员安全生产责任制，对每个岗位的安全落实到人头。再次，制定《各部门施工管理制度》对隐蔽工程进行明确规定，必须工程监理以及项目经理共同确认下才能产生交接，避免工程漏项。

（三）保证综合体内各方面的施工协调

综合体内各方面施工协调，主要使得是综合体涉及的十几个系统工程的协调，主要涉及的是人和物的调配。要对高空作业、低空作业、电焊、强电、弱电等进行特别关注，防止彼此间互相影响导致施工事故。特别是要和强电、弱电部门积极沟通，确保电梯、电话等安装顺利进行，避免沟通不畅导致的电伤之类的事故。

综合体建筑智能化施工管理因为建筑本身以及智能化特点注定其具有复杂性，实现其高水平管理，首先要认识到具体影响管理水平的因素，比如技术和信息沟通等因素，形成良好的技术交底和管理流程。为了确保工程能够在有效管理下展开，还需要制定一系列制度，发挥其约束作用，避免施工人员擅自改变技术或者不听从管理造成施工事故。

第七节　建筑智能化系统工程施工项目管理

建筑智能化系统工程是一种建筑工程项目中的新型专业，具有一般施工项目的共同性。但对施工人员的要求更高，施工工艺更加复杂，需要各个专业的紧密配合，是一种技术密集型、投资大、工期长、建设内容多的建筑工程。该工程的项目管理需要全方面规划、组织和协调控制，具有鲜明的管理目的性，具有全面性、科学性和系统性管理的要求。

一、建筑智能化系统和项目管理

（一）智能建筑和建筑智能化系统

智能化建筑指的是以建筑为平台，将各种工程、建筑设备和服务整合并优化组合，实现建筑设备自动化、办公自动化和通信自动化，不但可以提高建筑的利用率，而且智能化的建筑也提高了建筑本身的安全性能、舒服性，在人性化设计上也有一定的作用。近年来，随着智能化建筑设计和施工的完善和发展，现阶段智能化建筑开始将计算机技术、数字技术、网络技术和通讯技术等和现代施工技术结合起来，实现建筑的信息化、网络化和数字化，从而使建筑内的信息资源得到最大限度的整合利用，为建筑用户提供准确的信息收集和处理服务。此外，智能化建筑和艺术结合，不仅完善了建筑的功能，而且使得建筑更加具有美观性和审美价值。

建筑智能化系统是在物联网技术的基础上发展起来的，通过信息技术将建筑内的各种电气设备、门窗、燃气和安全防控系统等连接，然后运用计算机智能系统对整个建筑进行智能化控制。建筑智能化具体表现在：实现建筑内部各种仪表设施的智能化，比如水表、电表和燃气表等；利用计算机智能系统对所有的智能设备进行系统化控制，对建筑安全防控系统，比如视频监控系统、防火防盗系统等进行智能化控制，能够利用计算机中央控制系统实现对这些系统的自动化控制，自动发现火情、自动报警、自动消火处理；对建筑内的各种系统问题还能通过安装在电气设备中的智能联网监测设备及时发现和处理，保证建筑内的安防监控系统顺利运行。

（二）项目管理概述

项目管理包括对整个工程项目的规划、组织、控制和协调。其特点包括如下：项目管理是全过程、全方位的管理，也就是从建设项目的设计阶段开始一直到竣工、运营维护都包含项目监督管理；项目管理只针对该建设工程的管理，具有明确的管理目标，从系统工程的角度进行整体性的，科学有序的管理。

二、建筑智能化系统工程的项目特点

虽然智能建筑中关于建筑智能化系统工程的投资比重均不相同，主要是和项目的总投资额度和使用功能以及建设的标准有关，但是基本上智能化系统的投资比重都在20%以上，说明智能化系统建设的投资较大。智能化系统工程的施工工期很长，大概占据整个智能建筑建设工期的一半时间。此外，智能化系统施工项目众多，包括各种设备的建设和布线工作，还包括各个子系统的竣工调试和中央控制系统的安装等。

三、建筑智能化系统工程项目管理中存在的问题

（一）建筑智能化系统方面的人才问题

一方面我国建筑智能化系统工程起步比较晚，另一方面该领域的工程施工却发展迅速，由于对智能化建筑需求的增多，使得建筑智能化系统工程项目的数量越来越多，规模越来越大。然而，针对建筑智能化系统方面的人才，无论是在数量上还是在质量上都相当欠缺，存在很大的人才缺口，使得现阶段的人才无法满足建筑智能化系统工程施工管理的要求。同时，部分建筑开发商对建筑智能化系统工程不熟悉，所以并不十分重视这方面人才的培养以及先进设备技术的引进，导致建筑智能化系统领域的专业化人才非常不足。此外，在建筑智能化系统工程施工中有些单位重视建造而忽略管理，所以企业内部缺乏相应的建筑智能化系统领域的专业管理人才，从而无法开展有效的监督管理工作。设计人员设计出的智能化建筑施工图纸并不符合先进科学和人性化的要求，这样就极大地影响了工程的施工，也使得企业的竞争力丢失，不利于企业的可持续发展。

（二）缺乏详实的设计计划

在对建筑智能化系统工程施工设计中，往往存在缺乏详实的设计计划、设计规划不符合实际情况、设计无法有效执行等情况。这主要是因为在开工之前没有对现场开展有效的实地勘察工作，没有从系统建设的角度去制定计划，所以在设计施工图纸上会出现和施工现场不符，计划缺乏系统性和完整性的问题。另外，与设计监管的力度不够有关，如果在设计阶段没有对施工方案和设计图纸进行有效的监督管理，整个设计计划便可能存在不合理因素，从而导致建筑智能化系统设计也只能是停留在设计阶段，建筑智能化施工无法正常开展。

（三）施工中不重视智能化系统的施工

要想真正实现建筑的智能化，在建筑智能化系统施工中除了要加强建筑设备施工，保证建筑设备实行自动化以外，还要使得各项设备能够联系到一起，构建建筑内的系统信息平台，从而才能为用户提供便利的信息处理服务。但是在现阶段，对智能化系统的施工并没有真正重视起来，也就是在施工中重视硬件设备施工而轻视软件部分。如果软件部分出

现问题，智能化系统就无法为建筑设备的联合运行提供服务，也就无法实现真正的建筑智能化。

（四）重建设轻管理

建筑智能化系统工程不论是硬件设备的施工还是系统软件的施工，除了要加强施工建设安全管理和质量控制外，还应该加强对智能化系统的运营维护。然而目前在建筑智能化系统建设完成后，对其中系统的相关部件却缺少相应的监督管理，从而无法及时发现建筑设备或软件系统在运行中出现的问题，导致建筑智能化没有发挥其应有的作用，失去了建筑智能化的实际意义。此外，即使是在建筑智能化系统建设的管理上，由于缺乏完善的管理制度和管理措施，加上部分管理人员安全意识薄弱，在工作中责任意识不强，所以还未完全实现对建筑智能化系统的统一管理。建筑内部的消防系统、监控系统等安全防控系统没有形成一个统一的整体。

四、加强建筑智能化系统工程施工管理的措施

（一）加强设计阶段的审核管理

在建筑智能化系统工程的设计阶段，必须要站在宏观的角度对设计施工计划做好严格的审核管理，避免由于计划缺乏完整性和实效性而影响后期的施工与管理。需要监管部门做好智能系统的仿真计算，保证系统可以正常运行，有利于建筑智能化系统的施工；在施工计划制定前要加强现场勘察，做好技术交底工作，对施工计划和施工设计图纸进行审核检查，及时发现其中存在着的和工程实际不相符合的地方；对设计的完整性进行检查，保证设计可以有效落实。

（二）加强建设施工和管理

在施工中要对现场施工的人员、建设物料等进行监督管理，严禁不合格的设备或材料进入施工现场，禁止无关人员进入现场，要求施工人员必须严格按照施工规章制度开展作业。此外，要同时重视后期的管理，一方面要不断完善安全管理制度，为人员施工提供安全保障体系；另一方面要对建筑智能化系统进行全面检查维护，对于出现问题的设备或者线路必须要进行更换或者修改，保证建筑智能化系统可以安全稳定地运行。

（三）提高对软件系统施工的重视程度

在施工中除了要对建筑设备进行建设和管理外，同时也要提高建筑智能化系统软件部分的施工建设和管理力度。通过软件系统的完善，使得建筑内部的各项设备联结起来，实现智能建筑内各个系统的有效整合和优化组合，这样便能通过计算机系统的中央控制系统对建筑智能系统进行集中统一的调控。

（四）吸收、培养建筑智能化领域的高素质专业人才

由于当前我国在建筑智能化领域的专业人才十分缺乏，所以建设单位应该要重视对该领域高素质专业人才的吸收和培养。如可以和学校、培训机构进行合作，开设建筑智能化领域的课程，可以培养一批建筑智能化系统方面的高素质专业人员，极大地缓解我国在这方面的专业人才缺口问题。此外，建设单位自身也应该加强对内部员工的培训管理，比如通过定期的专业培训全方面提升管理人员对于建筑智能化系统施工的管理能力，提高其管理意识和安全防范意识。在施工之前可以组织专业人员对施工图纸进行讨论和完善，从而设计出符合工程实际的图纸，从而提高企业自身的竞争优势，促进企业发展奠定基础，促进整个建筑智能化系统的发展。

随着智能建筑的快速发展，建立高效的建筑智能系统的需求越来越多。为了建立完善的建筑智能化系统，在该工程施工中就需要围绕设计阶段、施工阶段和管理维护阶段展开，对建筑智能化系统的功能进行优化，并和自动化控制技术一起构建舒适的、人性化的、便利的智能化建筑。只有建筑智能化系统施工质量和管理水平得到提升，智能化建筑的功能才会越来越完善，从而为提高人们生活水平，保障建筑安全，促进社会稳定做出贡献。

第八节　建筑装饰装修施工管理智能化

建筑装饰装修施工涉及多方面问题，如管道线路走向、预埋等，涵盖了多个专业领域的内容。在实际施工阶段，需要有效应对各个环节的内容，让各个专业相互配合、协调发展，依据相关标准开展施工。智能化施工管理具有诸多优势，但也存在不足之处，作为施工管理的发展趋势，必须予以重视，对建筑装饰装修施工管理智能化进行分析和研究。

一、建筑装饰装修施工管理智能化的优势

（一）实现智能化信息管理

在当今社会经济发展形势下，建筑工程管理策略将更加智能化，逐步发展成为管理架构中的关键部分，有利于增进各部门的交流合作，实现协调配合。为了实现信息管理的相关要求，落实前期制定的信息管理目标，管理人员需利用智能化技术，科学划分和编排相关信息数据，明确信息管理中的不足，妥善储存相关文件资料，并利用对资料进行编码以及建立电子档案的方式，优化信息管理方式，推进信息管理智能化。

（二）落实智能化管理制度

要想实现管理制度智能化，必须科学运用各种信息平台及智能化技术，以切实提升建筑工程管理质量，构建健全完善的智能化管理体系，让各项工作得以有序开展。通过智能

化管理平台及数据库，建筑工程管理层能够运用管理平台，有效监督管理各个部门的运行情况，确保各项工作严格依据施工方案开展，从而保障整体施工质量及进度。在开展集中管理时，管理层可以为整理和存储有关施工资料设置专门的部门，为开展后续工作提供参考依据。

（三）贯彻智能化施工现场管理

在现场施工管理环节，相关工作人员要基于前期规划制定施工管理制度，以施工制度为基准划分各个职工的职责及权限。建筑工程涉及多个部门，各部门需分工明确，以施工程序为基准，增进各部门的合作。施工人员需注重提升自身专业素养及工作能力，依据施工现场管理的规定，学习各种智能化技术，积极参与到教育培训活动之中，能够在日常工作中熟练操作智能化技术。

二、建筑装饰装修施工管理的智能化应用

在建筑装饰装修施工管理环节，合理运用智能化技术，符合当前社会经济发展形势，能够优化建筑工程体系科学化管理，充分发挥新技术的优势及价值。

（一）装饰空间结构数字化调解

1.关于施工资源管理

纵观智能化技术在建筑装饰装修施工管理的实际运用，能够提升施工管理效率及质量，具有诸多优势。在装饰空间结构方面，相关工作人员能够凭借大量数据资源，对装饰空间结构进行数字化调解。而传统建筑装饰装修方式，依据施工区域开展定位界定。依据智能化数据开展定位分析，能够立足于空间装饰，科学调整装饰结构，以区域性规划为基础，进行逆向装饰空间定位工作。施工人员能够根据建筑装饰装修的现实要求，开展装饰施工技术定位，依据施工区域，准确选择相应的施工流程及方式，能够有效降低施工材料损耗，削减空间施工成本，让智能化装饰空间实现综合调配。

2.关于施工空间管理

建筑装饰装修施工涉及多方面要素，其中最为主要的便是水、电、暖的供应问题。因此，在建筑装饰装修施工环节，施工管理工作必须包含相关要素，让相关问题得到妥善解决。在建筑装饰装修施工管理环节，合理运用智能化技术，能够凭借虚拟智能程序的优势，对建筑装饰装修情况进行模拟演示，将施工设计立体化和形象化，让施工管理人员能够更为直接的分析和发现施工设计中的不合理区域，从而及时修改和调整，再指导现场施工。此种智能化施工管理模式运用到了智能化技术，能够依据实际情况，科学调整建筑工程施工环节，将智能化技术运用到建筑空间规划之中，显示了装饰空间结构数字化管理。

（二）装饰要素的科学性关联

在建筑装饰装修施工环节，科学运用智能化技术，能够展现空间装饰要素的科学性关联。

（1）关于动态化施工管理。在建筑装饰装修分析环节，智能化技术在其中的合理运用，能够构建现代化分析模型，基于动态化数据信息制定相关对策。施工管理人员能够依据建筑装饰装修的设计方案，对装饰要素进行分布性定位，将配套适宜的颜色、图样等要素运用到建筑装饰装修之中。例如，若甲建筑的室内装修风格定位现代简约风，施工管理人员在分析建筑结构时，能够凭借智能化技术手段，结合大量现代简约风的装修效果图，完成室内色系的运用搭配，并为提升空间拓展性提供可行性建议，为实际装修施工提供指导和建议。通过借助智能化数据库资源的优势，相关工作人员能够综合分析室内空间装修要素，优化施工管理方式，在建筑装饰装修环节，让室内空间得到充分利用和合理开发，切实提升建筑装饰装修质量及品质，切合业主的装修要求，对装饰装修结构实现体系性规划。

（2）关于区域智能定位管理智能化技术在建筑装饰装修施工管理的多个环节得到合理运用，如全面整合装修资源结构环节，能够构成体系规划，从而完善装修施工管理环节。在对建筑装饰装修格局开展空间定位工作时，通过采用智能化检测仪器，能够对装饰空间进行检验，并全面分析空间装饰环境的装修情况，从而进行区位性处理，让现代化资源实现科学调整。

（三）优化装饰环节的整合分析

就建筑装饰装修施工管理智能化而言，建筑装饰环节的资源整合便是其中代表。在建筑装饰装修工程中，施工管理人员可以借助智能化平台，运用远程监控、数字跟踪记录等手段，开展施工管理。施工监管人员能够利用远程监控平台，随时随地贯彻建筑装饰装修的实际施工状况，并开展跟踪处理。各组操作人员能够基于目前建筑装饰装修施工进度及实际情况，全方位规划建筑装饰装修施工。与此同时，施工管理人员可以将自动化程序合理运用到装修装饰阶段，探究动态化数字管理模式的实际运行情况，从而科学合理的规划数字化结构，实现各方资源合理配置，确保建筑装饰装修的各个环节得以科学有效地整合起来。除此之外，在建筑装饰装修施工管理中合理运用智能化技术，能够基于智能化素质分析技术，对工程施工质量开展动态监测，一旦发现建筑装饰装修施工环节存在质量问题，智能化监测平台能够将信息及时反馈给施工管理人员，让施工管理人员能够迅速制定可行性对策，有效调解施工结构中的缺陷。

（四）智能化跟踪监管方式的协调运用

在建筑装饰装修施工管理中，智能化跟踪监管方式的协调运用也是智能化的重要体现。施工人员能够运用智能动态跟踪管理方式和系统结构开展综合处理。施工管理人员既能够核查和检验建筑装饰装修的实际施工成果，还能够通过分析动态跟踪视频记录，评价各个施工人员的施工能力及专业技术运用情况，并能够基于实际施工情况，利用现代化技术手段，对施工人员进行在线指导。

建筑装饰装修施工管理智能化，符合当今社会经济发展形势，是数字化技术在建筑领域的合理运用，能够彰显智能化技术的优势及作用，能够实现装饰空间结构数字化调整，明确装饰要素的科学性关联，全方位把握建筑装饰装修的各个环节，及合理运用智能化跟踪监测方式进行协调和调解。为此，分析建筑装饰装修施工管理智能化，符合现代建筑施工发展趋势，有利于促进施工技术提升和创新，推动我国建筑行业发展。

第九节　大数据时代智能建筑工程的施工

智能建筑的概念最早起源于20世纪80年代，它不仅给人们提供了更加便捷化的生活居住环境。同时还有效地降低了居住对于能源的消耗，因而成为了建筑行业发展的标杆。但事实上，智能建筑作为一种新型的科技化的建筑模式，无疑在施工过程中会存在很多的问题，而本节就是针对于此进行方案讨论的。

智能建筑是建筑施工在经济和科技的共同作用下的产物，它不仅给人们提供舒适的环境，同时也给使用者带来了较为便利的使用体验。尤其是以办公作为首要用途的智能化建筑工程，它内部涵盖了大量的快捷化的办公设备，能够帮助建筑使用者更加快捷便利的收发各种信息，从而有效地改善了传统的工作模式，进而提升了企业运营的经济效益。智能建筑施工建设相对简单，但是如何促进智能化建筑发挥其最大的优势和效用。这就需要引入第三方的检测人员给予智能化建筑对应的认证。并在认证前期对智能建筑设计的技术使用情况进行检测，从而确保其真正能够满足使用性能。但是目前所使用的评判标准和相关技术还存在着一定的缺陷，无法确保智能建筑的正常使用，因而制约了智能建筑的进一步发展。

智能建筑在建设阶段，其所有智能化的设计都需要依托数据信息化的发展水平。它能够有效的确保建筑中水电、供热、照明等设施的正常运转。也可以确保建筑内外信息的交流通畅，同时还能够满足信息共享的需求。通过智能化的应用，能够帮助物业更好地服务于业主。同时也能够建立更好的设备运维服务计划，从而有效的减少了对人力资源的需求。换言之，智能化的建筑不仅确保了业主使用的舒适性和安全性，同时还有效地节省了各项资源。

一、智能化建筑在大数据信息时代的建设中的问题

（一）材料选择问题

数据信息化的建设，需要依托弱电网络的建设，而如果选用了不合格的产品，就会对

整个智能化的建设带了巨大的影响。甚至导致整个智能化网络的运行瘫痪。因此，在材料选择和设备购买前需要依据其检测数据和相关说明材料进行甄别，对缺少合格证书或是相关说明资料的材料一律不允许进入到施工工地中。当然在材料选择过程中还应当注意设备的配套问题，如果设备之间不配套，也会导致无法进行组装的情况，这些问题均会给建筑施工带来较大的隐患。

（二）设计图纸的问题

设计图纸，是表现建筑物设计风格以及对内部设备进行合理安排的全面体现。而现阶段智能化建筑施工工程的最大问题就表现在图纸设计上。例如，工程建设与弱电工程设计不一致，导致弱电通道不完善，无法正常的开展弱电网络铺设。同时，还有一些建筑的弱电预留通道与实际的标准设计要求不一致等。举例说明，建筑施工工程在施工过程中如果忽视了多弱电或是其它设施的安装的考虑。则会导致在设备安装过程中存在偏差，从而无法达到设备所具有的实际作用。此外，智能化的建筑施工图纸还会将火警自动报警、电话等系统进行区分，以便于能够更好地展开智能化的控制。

（三）组织方面的问题

智能化的建筑施工工程相对传统的施工工艺来说更为复杂，因而需要科学、合理的施工安排，对各个环节、项目的施工时间、施工内容进行合理的管控。如果无法满足这些要求，则会严重影响到工程开展的进度和工程质量。同时，如果在施工前期没有对施工中可能存在的问题进行把控，则可能会导致施工方案无法顺利开展或落实。当然，在具体施工过程中，如果项目内容之间分工过于细致，也会导致部门之间无法协调，进而影响到整个工程施工建设的进度，使得各个线路之间的配合出现问题，最终影响工程施工质量。

（四）承包单位资质

智能化施工建设工程除了要求施工单位具备一定的建筑施工资质外还应当具有相关弱电施工的资质内容。如果工程施工单位的资质与其承接项目的资质内容不相符，必然会影响到建筑工程的质量。此外，即便有些单位具备资质，但也缺少智能化的施工建筑技术和工艺，对信息化建筑工程的管理不够全面和完善，导致在施工中出现管理混乱，流程不规范的问题。

二、智能化建筑在大数据时代背景下的施工策略

（一）强化对施工材料的监管和设备的维护

任何一种建筑模式，其最终还是以建筑施工工程作为根本。因而具备建筑施工所具有的一切的要素，包括建筑材料、设备的质量。除了对工程建设施工的材料和设备的检验外，还需要注意在信息化建设施工中所用到的弱电网络化建设的基本材料的型号要求和标准。

确保其所用到的材料都符合设计要求，同时还应当检查各个接口是否合格。检查完毕后还应当出具检测报告并进行保管封存。

（二）强化对设计图纸的审核

为了确保智能化建筑工程施工的顺利开展，保障施工建设的工程质量。在施工前期就需要对施工图纸做好对应的审查工作。除了基本建筑施工的一些要求外，重点需要注意在弱电工程设计中的相关内容和实施方案。结合实际施工情况，就在施工过程中的管道的预留、安装、设备的固定等方面的内容进行针对性的探讨，以确保后期弱电施工过程中能够顺利地进行搭建和贯通。

（三）施工组织

智能化工程建设基本上是分为两个阶段的，第一个阶段就是传统的建筑施工内容，而第二个阶段则是以弱电工程为主要内容的施工。两者相互独立又紧密联系，在前一阶段施工中必须考虑到后期弱电施工的布局安排。而在后一阶段施工时还应当有效地利用建筑的特点结合弱电将建筑的功能更好地提升。因此这是一个相对较为复杂的工程项目，在开展施工的过程中，各个部门、单位之间应该做好有效的配合，确保工程施工在保障安全的情况下顺利地开展，以确保施工进度和施工质量。

大数据时代发展背景下，人们对于数据信息化的需求程度越来越高。而智能建筑的发展也正是为响应这一发展需求而存在的。为了更好地确保智能建筑工程的施工质量，完善各项设备设施的使用。在施工过程中应当加强对施工原料、施工图纸以及施工项目安排、管理之间的协调工作。只有如此，才能够有效地提升智能化施工的施工质量和施工进度。

第五章　现代绿色建筑施工研究

第一节　绿色建筑施工质量监督要点

近年来，随着我国建筑行业标准体系的完善，政策法规的出台，绿色建筑开始进入规模化的发展阶段。绿色建筑强调从设计、施工、运营 3 个方面着手，落实设计要求，保障施工质量。文章首先分析了绿色建筑概述，然后分析了绿色建筑施工管理的意义，最后探讨了绿色建筑施工质量的监督要点。

在我国的经济发展中，建筑行业一直占据重要地位，随着施工技术的发展和创新，我国建筑行业的管理方法、施工方法都实现了改进。为响应国家保护环境、节能减排的号召，绿色施工材料和技术涌现，绿色建筑项目增加，规模扩大，使得我国的建筑行业越来越趋向于绿色化、工业化。从实际来看，相较于发达国家，我国绿色建筑的管理水平低，施工技术不先进，质量管控机制不健全。因此，积极探讨相关的质量监督要点成为必然，现从以下几点进行简要的分析。

所谓的绿色建筑，多指在建筑行业以保护环境、节约资源为理念，以实现大自然、建筑统一为宗旨，为人们提供健康舒适的生活环境，为大自然提供低影响、低污染共存的建筑方式。绿色建筑作为现代工业发展的重要表现，和工业建筑同样具备施工便捷、节约资源的特点。在工程施工中，通过规范、有效管理机制的使用，提高施工管理效率，减少施工过程的不良影响，削减施工成本、材料的消耗量。同时，绿色建筑还能通过节约材料、保护室外环境、节约水资源等途径，实现环保、低碳的目标。另一方面，绿色建筑还强调施工过程的精细化管理，通过对施工材料、成本、设计、技术等要素的分析，实现成本、质量间的均衡，确保周围环境、建筑工程的和谐相处。施工期间各种施工手段和技术的使用，项目资源、工作人员的合理安排，能保证工程在规定时间内竣工，提高施工质量，确保整体结构的安全性。

一、绿色建筑施工管理的意义

随着城市化建设进程的加快，建筑市场规模扩大，建筑耗材增加，在提高经济发展水平的同时，加剧着环境的污染、资源的浪费。近几年，传统的管理模式已无法满足发展要求，对此我国开始倡导绿色建筑，节约着施工资源，保障着施工质量，提高着工程的安全性。从绿色建筑的管理上来看，利用各措施加强施工管理，能促进社会发展，实现节能减排的目标。从建筑企业来看，加大对施工过程的监管力度，紧跟时代的发展步伐，不但能减少施工成本，提高经济效益，还能推动自身发展。

二、绿色建筑施工质量监督要点

树立绿色施工理念。要想保障绿色建筑的施工质量，首先要借助合理、有效的培训手段，引导全体员工树立绿色施工的理念。待全体员工树立该理念后，能自主承担工程施工的责任，并为自身行为感到自豪，为施工质量监督工作的进行提供保障。现阶段，我国建筑人员学历低，绿色环保意识缺乏，因此，在开展管理工作时，必须积极宣讲和绿色施工相关的知识，具体操作包括：（1）绿色建筑施工前期，统一组织施工人员参加讲座，向全体员工宣讲绿色施工的重要性。工程正式施工后，以班组为单位开展培训。（2）借助宣传栏、海报等形式，讲解绿色施工知识和技术，进一步提高施工人员的绿色施工意识。（3）将绿色施工理念引入员工的考核中，及时通报和处罚浪费施工材料、污染环境的行为。对于工作中表现积极的班组和个人，给予精神或物质上的奖励。

质量监督计划的编制和交底。在质量监督工作开展之前，监督人员需要详细地阅读经审查结构审核通过的文件，并详细查阅相关内容。结合绿色建筑工程的设计特征，工程的重要程序、关键部分及建设单位的管理能力，制定与之相匹配的监督计划。在对工程参建方进行质量交底时，需要明确地告知各方质量监督方式、监督内容、监督重点等。同时，还要重点检查绿色建筑所涉及的施工技术、质量监管资料，具体包括：（1）建筑工程的设计资料，如设计资料的核查意见、合格证书，经审核机构加盖公章后的图纸；（2）施工合同、中标通知书等；（3）设计交底记录、图纸会审记录等相关资料，并检查其是否盖有公章；（4）和绿色建筑施工相关的内容、施工方案、审批情况；（5）和工程质量监督相关的内容和审批情况。

主体分部的质量监督。监督人员应依据审查通过的设计文件，对工程参建各方的行为进行重点监督，如实体质量、原材料质量、构配件等，具体包括：（1）参照审核通过的设计文件，抽查工程实体，重点核查是否随意变更设计要求；（2）对工程所使用的原材料、构配件质量证明文件进行抽查，比如高强钢筋、预拌砂浆、砌筑砂浆、预拌混凝土等，审核是否符合标准和设计要求；（3）经由预制保温板，抽检现浇混凝土、墙体材料文件和工程质量的证明文件，确保施工质量满足要求。

围护系统施工质量监督。对于绿色建筑而言，所谓的围护系统包括墙体、地面、幕墙、门窗、屋面多个部分。具体施工中，监督人员需要随时抽查施工过程，具体包括：建设单位是否严格按要求施工，监督工作是否符合要求；抽查工程的关键材料，核查配件的检验证明、复检材料；控制保温材料厚度和各层次间的关系，监督防火隔离带的设置、建设方法等重要程序的质量。

样板施工质量监督。在绿色建筑施工中，加强对样板施工质量的监督，能保证工程按图纸要求和规范进行，满足设计方要求。在施工现场，监督人员向参建方提出样板墙要求，巡查过程中重点审核地面、门窗样板施工是否符合相关要求。若样板间的施工质量符合规范和要求，可让施工单位继续施工。为保证施工样本的详细性，样板施工过程中需要认真检查这样几部分：（1）样板墙墙体、地面施工构件、材料的质量检验文件，见证取样送检，检查进入施工现场的材料是否具备检验报告，内容是否健全，复检结果是否符合要求；（2）检验样板墙墙体、地面作品的拉伸强度和黏度，检验锚固件的抗拔力，并对相关内容的完整性、结果的真实性进行检测；（3）检验地面、门窗、墙体工程实体质量，检查样板施工作品规格、种类等方面是否符合要求，检查是否出现随意更改设计方案和内容的现象。

设备安装质量监督。绿色建筑中的设备包括电气、给排水、空调、供暖系统等内容，质量监督人员在巡检工程时，必须对设备的生产证明、安装材料的检验资料等进行抽查。对于体现出国家、相关行业的标准，和对绿色建筑设备系统安装时的强制性文件，检验其完整性及落实情况。同时，还要重点监督设备关键的使用功能、质量。对于监督过程中影响设备使用性能、工程安全质量的问题，或是违反设计要求的问题，应立即整改。

分部工程的监督验收。绿色建筑的分部工程验收，需要在分项工程、各检验批验收合格的情况下，对建筑外墙的节能构造、窗户的气密性、设备性能进行测评，待工程质量满足验收要求后再开展后续工作。监督人员在对分部工程进行监督和验收时，需要监督和检查涉及绿色建筑的验收资料、质量控制、检验资料等，具体包括：（1）绿色建筑分部工程的设计文件、洽商文件、图纸会审记录等。（2）建筑工程材料、设备质量证明资料，进场检验报告和复检报告，施工现场的检验报告。其中，绿色建筑外墙外保温系统抗风压及耐候性的检测、外窗保温性能的检测、建筑构件隔音性能的检测、楼板撞击声隔离性能的检测、室内温湿度的检测、室内通风效果的检测、可再生设备的检测以及主要针对施工质量控制、验收要求，监督人员参照设备性能要求监督参建方的工作行为。（3）绿色建筑的能效测评报告，能耗检测系统报告。（4）隐蔽工程的验收报告和图像资料。（5）包含原有记录的验收报告，分项工程施工过程及质量的检验报告。

建筑工程的竣工验收和问题处理。申报绿色建筑的竣工验收后，监督人员需要重点审核工程内容的验收条件，包括：（1）行政主管部门、质量监督机构对工程所提出的整改问题，是否完全整改，并出具整改文件；（2）分部工程的验收结果，出具验收合格的证明文件。对于验收不合格的工程，不能进行验收；（3）建设单位是否出具了评估报告，评估建议是否符合相关要求。对于工程巡检、监督验收过程中发现的问题，签发《工程质量监督整改通知书》，责令整改。对于存在不良行为记录、违反法律制度的单位，及时进行行政处罚。

综上所述，绿色建筑作为推动建筑行业发展的重要组成，在提高资源利用率，减少环境污染上具有重要作用。为充分发挥绿色建筑的意义，除要明确绿色建筑施工管理的重要性，树立绿色施工理念外，还要合理使用低能耗的材料和设备，加强对设备安装、围护系统、样板施工等工序的质量监督，确保整个工程的施工质量，推动绿色建筑可持续发展。

第二节　绿色建筑施工技术探讨

绿色施工是实现环境保护、工程价值、资源节约目标一体化的建筑项目施工理念，现阶段绿色建筑施工技术取得了重大发展，被广泛地运用到建筑工程中。为此，本节结合某建筑办公楼的实际案例，首先介绍了工程的基本情况，紧接着具体地阐述了绿色建筑施工技术的标准与要求，并基于此提出了绿色建筑施工技术的实施要点。

建筑施工难免会对周围环境产生消极影响，因此，施工单位要根据绿色施工要求尽量降低影响。《绿色施工导则》中对绿色施工做出了如下定义：在工程建设过程中，在保证施工安全与施工质量等基础上，通过运用先进的施工技术与科学的管理办法，最大限度的减少资源浪费，减轻周围环境受到施工活动的负面影响，实现“四节一保”目标。本节结合实际开展的施工项目，分析绿色施工技术应如何使用，希望对于同类施工项目能够产生一定的参考意义。

一、工程的基本情况

某办公楼项目地处浙江某市滨江绿地以东、浦明路以西、和浦电路交接的位置，占地面积多达 20832.9m^2，呈梯形状，南北向有 156m 宽，东西向有 132m 长。整个项目地上主楼有 20 层、地下三层、裙楼五层，整个建筑面积多达 87943m^2，在这当中，地上、地下建筑面积分别为 50361m^2、37582m^2。主楼、裙楼基础分别使用的是采桩筏板基础、桩承台防水板基础，地库与裙楼防水板的厚度介乎 1 至 1.2m 之间，核心筒下筏板基础有 1.6m 厚。主楼钻孔灌注桩有 49m 长，直径为 700，裙楼地库钻孔灌注桩的直径与之相同，但长度不一，仅有 34m。

本项目工程合同质量目标是：保证获得优秀项目得奖，保证工程备案制验收能实现“一次合格”。项目部质量目标为：保证主体结构工程获得“市优质工程奖”，钢结构工程获得“金刚奖”。为此，在施工期间，本项目充分融入并应用了绿色施工理念。

二、绿色建筑施工技术的标准与要求

（一）不会对原生态基本要素产生严重破坏

该办公楼建设项目（下面简称本项目）施工过程中，对周围农田、槽底、河流、森林、文物等要做好保护工作，避免产生破坏影响。如果可以实现的化，还可以充分利用周围原生态要素进行建设。本项目主体建设所用地域为“荒地”，该地区的而地形主要以平底为主，同时也有多个小土丘。另外，本项目占地范围内水系不够发达，只有在汛期才能形成小溪。区域内也没有文物资源与古树、古建筑等需要保护的资源。因此，本项目在进行施工时不用针对动植物、文化等制定保护计划。但是，对于办公楼的垂直绿化施工可充分利用区域内已有的植入资源。本项目的绿化面积设计超过 1200m^2，屋顶绿化率要求达到 74% 以上，在选择植物时可选择当地已有的或者海南其他地域的特有植物。

（二）尽最大限度减少建筑拆除废料的产生量

本项目施工过程中的下料方案设计必须做到科学合理，同时针对废料重复使用也要制定合理的计划。本项目室内空间设计方面采用的理念是“开放性、大开间”，这样的目的是有助于根据实际办公需求与商务需求等对室内空间做出灵活的隔断操作，从而有效降低废料总量，保证建筑结构基础的完整性。同时，在对室内空间进行装修时，室内空间面积超过 10000m^2，室内空间结构与空间功能可结合实际需要进行变化，这样也能够有效降低废料总量的产生。

（三）提高水资源处理与利用能力

总部办公对水量的需求较大，废水处理工作也十分重要。第一，冲洗设备方面可选择节能水龙头、脚踏淋浴、智能冲洗设备等，有效控制因不良使用习惯产生的水资源浪费。第二，施工排水设施设计时要严格按照“雨水污水分流、废水污水分流”的原则进行设计。可以集中收集雨水，并用来冲洗道理、浇灌植被、作为喷泉水等使用；生活污水需根据污水处理要求进行处理，并统一排入市政污水下水道；对于生活废水也可以进行收集，并经过沉淀与消毒处理之后，冲洗公共厕所、灌溉绿化等。

（四）尽可能防止土方对附近环境产生影响

建筑施工过程中对周围空气污染的控制可通过封闭施工来实现，也可以在运输方面采取措施降低土方造成的空气污染，同时，也能够避免土方因雨水外泄，导致周围水体质量受到影响。另外，还可以通过地面硬化、隔离墙、隔离网、洒水等方面降低土方开挖、运输等产生的土方外泄污染。

三、绿色建筑施工技术的实施要点

（一）采取水土固定措施，减少施工土方制造量

本项目施工要根据办公楼用途与工程清洁能力要求指导施工。首先，通过混凝土硬化的方式加固基坑边坡，这样不仅能够保证施工安全，同时对于控制水土被水流冲刷产生的流失量也能产生效果。其次，通过绿化施工来降低土体裸露程度。最后，绿化带如果出现破坏要及时修复，因工程施工产生的土方要及时清理出现场，避免绿化带受损严重无法再

进行修复。

（二）遵循相关法律法规办事，防止噪音扰民问题产生

本项目施工过程中对于周边居民意见要及时收集并充分听取，尽量减少对周边居民正常生活产生干扰。首先，混凝土搅拌、钢筋加工等应尽量避免露天作业，可通过建立隔音降噪工作棚的方式作业。其次，土方施工阶段与结构施工阶段要制定合理的工作时间段，避免对周边居民生活造成影响。如果需在夜间施工，应保持在55dB以下的噪音分贝。最后，监控各个角度的噪音，一旦声量超过标准，对周边居民休息、学习产生干扰，要及时降噪。

（三）坚决贯彻落实《污水综合排放标准》

本项目是大型办公楼，每天人流量很大，产生的污水总量也就会更大。因此，在处理各类污水时要根据《污水综合排放标准》GB8978中的规定进行标准化的处理。污染沉淀池要增加清洗频率，沉淀后的污水可用于冲洗道路、冲洗公测等；沉淀池污染不能直接排入市政污水网络，避免出现管道堵塞的情况。另外，施工现场需要设置专门的化粪池，用于洗浴厕所等生活用水的接纳。这些污水在排入市政污水网络之前，必须要经过处理，并且这些污水沉淀物要及时清理出场。

（四）提高就地取材比例

本项目施工需要的施工材料种类多且数量大，长途运输存在材料供应紧张以及材料运输污染等问题。因此，本项目施工材料的采购应尽量在当地建材市场中进行采购。一般来说，建筑材料采购范围应在500km以内。如果当地建材市场不具备部分特殊施工材料，再选择长途采购。就地取材对于项目成本控制能够产生良好的作用，同时与当地环境也具备更强的适应性，对于绿色施工理念的落实也更有利。

（五）施行环境质量监测

绿色施工从制度上取得推进，就必须由独立机构的专业人员对全程监控与检测项目施工全过程与整体环境质量。比如，检测建筑材料是否具有有毒有害物质，如果建筑材料与相关标准不符合，要进行更换；检测办公楼内部空间空气质量是否存在过量漂浮物、是否释放有毒气体等，如果有需要及时要求施工方进行整改。在检测完成施工环境质量后还要编制详细的环境评估报告，便于施工方与甲方根据报告制定整改措施。

目前，绿色施工已发展成各种工程的主流施工理念之一。但是，绿色施工不乏高难度技术的支持，绿色施工理念能否得以实现，主要是由施工方的决心、承建方的监督意识及其理念所决定的，当然还取决于管理者与一线施工队伍能否将相关工作做到位。所以，要强化力度向施工人员与一线管理者推广宣传绿色施工理念，积极开展培训工作，为有关方案与制度的贯彻落实奠定保障。

第三节　绿色建筑施工的四项工艺创新

随着社会以及时代的不断发展，相比于从前而言我国的科学技术也开始变得越来越高，在城市化进程以及我国经济水平不断提高的今天，我国生产力相比于从前而言也正在飞速提高，不难发现，生产力的发展为社会整体发展带来了很多的优势，但是同时也存在着一定的劣势，例如我们如今需要面临的十分严峻的挑战，也就是环境污染以及生态被破坏。因此，在这种情况下，为了保证人们能够正常健康并且绿色的生活，我国应该越来越提高对于可持续发展道路的重视程度，将改善环境以及保护环境作为首要任务。而建筑作为保证人们正常生存的一部分，更是受到了越来越多的关注，因此，我们也应该加强对于绿色建筑的重视程度，为可持续发展提供保障。

在社会以及经济不断发展的今天，走可持续道路已经成为我国发展的重要战略，建筑作为保证人们日常生活重要的一部分，一直以来都受到人们的广泛关注，而在可持续发展的这一背景下，如何将建筑工程与环境保护两者更好地结合到一起已经成为我们需要思考的问题，进行绿色建筑工程施工也已经成为我们的一项重要任务。因此，对新技术、新材料以及新设备进行使用已经变得十分重要。本节将简单对绿色建筑施工的四项工艺创新进行分析，希望能够对我国进行绿色建筑施工起到一定的促进作用。

简单来说，我们所以提到的绿色建筑所指的就是一种环境，这种环境能够让人们在其中感觉到健康、舒心，这样能够更好地再这一环境当中进行学习以及工作。这种环境可以通过节约能源或者是有效的对能源进行利用来提高能源的利用率，可以在最大限度上减少施工现场可能产生的影响，保证能够在低环境负荷的情况下让人们的居住能够更加高效，使人与自然之间达到一个共生共荣的状态。我们进行绿色建筑工程的终极目标就是将“绿色建筑”作为整个城市的基础，然后偶不断地对其进行扩张以及规划，将“绿色建筑”变得不仅仅是“绿色建筑”，而是变为“绿色社区”或者是“绿色城市”，以此来将人与自然更加和谐的结合到一起。由此，我们可以看出，如果我们想要进行绿色建筑，只依靠想象或者是仅仅纸上谈兵是难以实现的，想要更好地将绿色建筑发展起来离不开的是各种各样不同的创新。而我们所要进行的绿色建筑也并不是可有可无的，是与今后的形式所结合的，更是社会发展的必经之路。因此，想要做好绿色建筑，我们可以从以下几点入手。第一，对建筑的发展观进行相应的创新。第二，将可以利用到能源进行创新。第三，对建筑应用得技术进行创新。第四，对建筑开发的相关运行方式进行创新。第五、对绿色建筑的管理方式进行创新。

外幕墙选用超薄型石材蜂窝、防水铝板组合的应用技术。一般来说，在进行建筑工程建设的过程当中，同类攻坚面积最大的外幕墙应用超薄型石材蜂窝铝板的工程，整个外围幕墙就使用到了十多种的材料，这也就可以看出，使用这种材料不仅仅使用更加便利，同时还能够将建筑的美观以及程度全面的展现出来，同时能够促进企业的科技水平以及生产水平，还能够为其他的同类工程建设提供一定的指导。因为复合材料自身所具备的独特的优势，所以在进行工程建设的过程当中开始有越来越多的人使用复合材料进行建设，而在这些复合材料当中石材蜂窝铝板因为其特有的轻便、承载力较大、容易安装等等特点更是受到了人们的喜爱。铝蜂窝板是夹层结构的坚硬轻型板复合材料，薄铝板与较厚的轻体铝蜂窝芯材相结合，这样不仅能够保证可靠性，同时还能更好地提高美观程度。虽然说铝蜂窝板自身的质量以及性能都有着很强的优势，但是如果将其使用在北方地区，因为北方地区的温度变化较大，所以会受到温度的影响出现变形的情况，为了避免这种问题的出现，所以需要使用超薄型石材蜂窝板的施工工艺来进行施工。

阳光追逐镜系统的施工技术。我们所提到的阳光追逐系统简单来说就是通过发射、散射等等物理方面的原理，对自然光进行使用，这种自动化的控制系统可以有效的节约需要用到的成本，对太阳光进行自动探测，同时还会捕捉太阳光，根据太阳的角度自动调整转向，让太阳光能够到指定的位置。一般情况下来说，阳光追逐镜系统是由追光镜、反光镜、控制箱以及散光片四个方面所组成的，在使用的时候我们应该首先对追光镜以及反光镜进行安装，并且使用电缆将空纸箱与追光镜连接到一起，然后使用控制箱进行调节，这样能够将自然光最大的程度利用上，建筑内部的采光会变得更好。

单晶体太阳能光伏发电幕墙施工技术。光电幕墙是一种较为新型的环保型材料，我们在进行建设的过程当中使用这一技术主要有三个优点，以下我们将简单对这三方面的优点进行分析。第一、光电幕墙是一种新型的环保型材料，主要用在建筑外壳当中，用这种材料进行建设建筑的外形较为美观，同时对于抵御恶劣天气也有着很好的作用，除此之外，使用这种材料可以有效地对建筑进行消音。第二、光电幕墙能够对自然资源进行一定的保护，因为使用这种施工技术进行施工不会产生噪声或者环境方面的污染，所以适用范围十分广泛。第三、第三点也就是光电幕墙最为重要的一个优点，就是不需要使用燃料来进行建设，同时也不会产生污染环境的工业垃圾，除此之外，还可以用来进行发电，是一种可以产生经济效益并且绿色环保的新型产品。

真空管式太阳能热水系统的施工技术。就现阶段能源实际情况来看，不管是我国还是世界的能源都处在一种紧缺的情况下，各国人民都开始投入大量的人力、物力以及财力对新能源进行相应的开发，而在这些能源当中，太阳能作为一种清洁能源，人们对其重视程度相比于其他能源而言又高得多，所以各国人民都开始广泛的开发以及利用太阳能。真空管式太阳能热水系统则是使用了真空夹层，这种真空夹层能够消除气体对流与传导热损，利用选择性吸收涂层，降低了真空集热管的辐射热损。其核心的原件就是玻璃的真空太阳集热管，这样可以对太阳能更加充分地进行利用，住户在建筑当中可以直接使用到热水。我们用一套真空管式太阳能热水系统作为例子来进行分析可以发现，如果我们将其使用年限定为 20 年，每天使用十个小时，那么就可以计算出每个小时可以制造出 30KW 的热水，那么我们就可以节约大概一百七十五万的电费，由此可见，真空管式太阳能热水系统的使用对于我们有效的节约资金是有着十分重要的作用的。我们应该加强对于这一系统的重视力度并且将其更多的应用到建筑施工当中，这样一来不仅能够有效的减少工程可能带来的环境污染，同时还能够更好地节省所需要消耗的经济，不管是对于个人还是社会而言都有着很大的好处。

在我国城市化进程不断加快的今天，人们的生活水平相比于从前而言提高速度开始变得越来越快，而在这种背景之下，城市建筑的“绿色”就成为了我们在进行工程建设的过程当中需要重视的事情。因此，人们对于新型的环保产品关注程度开始变得越来越高，人们也开始越来越认识到环保的重要性。想要保证建筑工程的环保性，离不开的就是一些可再生能源以及新型能源的使用，这样可以有效地节约一些不可再生能源，并且减少不可再生能源使用所产生的污染。由此可见，在新形势下，使用可再生能源进行绿色建筑施工已经成为一种趋势，这一趋势更加符合我国发展的实际情况，发展前景也是十分可观的。

第六章　现代建筑智能技术实践应用研究

第一节　建筑智能化中 BIM 技术的应用

BIM 是指建筑信息模型，利用信息化的手段围绕建筑工程构建结构模型，缓解建筑结构的设计压力。现阶段建筑智能化的发展中，BIM 技术得到了充分的应用，BIM 技术向智能建筑提供了优质的建筑信息模型，优化了建筑工程的智能化建设。由此，本节主要分析 BIM 技术在建筑智能化中的相关应用。

我国建筑工程朝向智能化的方向发展，智能建筑成为建筑行业的主流趋势，为了提高建筑智能化的水平，在智能建筑施工中引入了 BIM 技术，专门利用 BIM 技术的信息化，完善建筑智能化的施工环境。BIM 技术可以根据建筑智能化的要求实行信息化模型的控制，在模型中调整建筑智能化的建设方法，促使建筑智能化施工方案能够符合实际情况的需求。

一、建筑智能化中 BIM 技术特征

分析建筑智能化中 BIM 技术的特征表现，如：

（1）可视化特征，BIM 构成的建筑信息模型在建筑智能化中具有可视化的表现，围绕建筑模拟了三维立体图形，促使工作人员在可视化的条件下能够处理智能建筑中的各项操作，强化建筑施工的控制；

（2）协调性特征，智能建筑中涉及很多模块，如土建、装修等，在智能建筑中采用 BIM 技术，实现各项模块之间的协调性，以免建筑工程中出现不协调的情况，同时还能预防建筑施工进度上出现问题；

（3）优化性特征，智能建筑中的 BIM 具有优化性的特征，BIM 模型中提供了完整的建筑信息，优化了智能建筑的设计、施工，简化智能建筑的施工操作。

二、建筑智能化中 BIM 技术应用

结合建筑智能化的发展，分析 BIM 技术的应用，主要从以下几个方面分析 BIM 在智能建筑工程中的应用。

（一）设计应用

BIM 技术在智能建筑的设计阶段，首先构建了 BIM 平台，在 BIM 平台中具备智能建筑设计时可用的数据库，由设计人员到智能建筑的施工现场实行勘察，收集与智能建筑相关的数值，之后把数据输入到 BIM 平台的数据库内，此时安排 BIM 建模工作，利用 BIM 的建模功能，根据现场勘察的真实数据，在设计阶段构建出符合建筑实况的立体模型，设计人员在模型中完成各项智能建筑的设计工作，而且模型中可以评估设计方案是否符合智能建筑的实际情况。BIM 平台数据库的应用，在智能建筑设计阶段提供了信息传递的途径，拉近了不同模块设计人员的距离，避免出现信息交流不畅的情况，以便实现设计人员之间的协同作业。例如：智能建筑中涉及弱电系统、强电系统等，建筑中安装的智能设备较多，此时就可以通过 BIM 平台展示设计模型，数据库内写入了与该方案相关的数据信息，直接在 BIM 中调整模型弱电、强度以及智能设备的设计方式，促使智能建筑的各项系统功能均可达到规范的标准。

（二）施工应用

建筑智能化的施工过程中，工程本身会受到多种因素的干扰，增加了建筑施工的压力。现阶段建筑智能化的发展过程中，建筑体系表现出大规模、复杂化的特征，在智能建筑施工中引起了效率偏低的情况，再加上智能建筑的多功能要求，更是增加了建筑施工的困难度。智能建筑施工时采用了 BIM 技术，其可改变传统施工建设的方法，更加注重施工现场的资源配置。以某高层智能办公楼为例，分析 BIM 技术在施工阶段中的应用，该高层智能办公楼集成了娱乐、餐饮、办公、商务等多种功能，共计 32 层楼，属于典型的智能建筑，该建筑施工时采用 BIM 技术，根据智能建筑的实际情况规划好资源的配置，合理分配施工中材料、设备、人力等资源的分配，而且 BIM 技术还能根据天气状况调整建筑的施工工艺，该案例施工中期有强降水，为了避免影响混凝土的浇筑，利用 BIM 模型调整了混凝土的浇筑工期，BIM 技术在该案例中非常注重施工时间的安排，在时间节点上匹配好施工工艺，案例中 BIM 模型专门为建筑施工提供了可视化的操作，也就是利用可视化技术营造可视化的条件，提前观察智能办公楼的施工效果，直观反馈出施工的状态，进而在此基础上规划好智能办公楼施工中的工艺、工序，合理分配施工内容，BIM 在该案例中提供实时监控的条件，在智能办公楼的整个工期内安排全方位的监控，避免建筑施工时出现技术问题。

（三）运营应用

BIM 技术在建筑智能化的运营阶段也起到了关键的作用，智能建筑竣工后会进入运营阶段，分析 BIM 在智能建筑运营阶段中的应用，维护智能建筑运营的稳定性。本节主要以智能建筑中的弱电系统为例，分析 BIM 技术在建筑运营中的应用。弱电系统竣工后，运营单位会把弱电系统的后期维护工作交由施工单位，此时弱电系统的运营单位无法准确的了解具体的运行，导致大量的维护资料丢失，运营中采用 BIM 技术实现了参数信息的互通，即使施工人员维护弱电系统的后期运行，运营人员也能在 BIM 平台中了解参数信息，同时 BIM 中专门建立了弱电系统的运营模型，采用立体化的模型直观显示运维数据，匹配好弱电系统的数据与资料，辅助提高后期运维的水平。

三、建筑智能化中 BIM 技术发展

BIM 技术在建筑智能化中的发展，应该积极引入信息化技术，实现 BIM 技术与信息化技术的相互融合，确保 BIM 技术能够应用到智能建筑的各个方面。现阶段 BIM 技术已经得到了充分的应用，在智能化建筑的应用中需要做好 BIM 技术的发展工作，深化 BIM 技术的实践应用，满足建筑智能化的需求。信息化技术是 BIM 的基础支持，在未来发展中规划好信息化技术，推进 BIM 在建筑智能化中的发展。

建筑智能化中 BIM 技术特征明显，规划好 BIM 技术在建筑智能化中的应用，同时推进 BIM 技术的发展，促使 BIM 技术能够满足建筑工程智能化的发展。BIM 技术在建筑智能化中具有重要的作用，推进了建筑智能化的发展，最重要的是 BIM 技术辅助建筑工程实现了智能化，加强现代智能化建筑施工的控制。

第二节　绿色建筑体系中建筑智能化的应用

由于我国社会经济的持续增长，绿色建筑体系逐渐走进人们视野，在绿色建筑体系当中，通过合理应用建筑智能化，不但能够保证建筑体系结构完整，其各项功能得到充分发挥，为居民提供一个更加优美、舒适的生活空间。鉴于此，本节主要分析建筑智能化在绿色建筑体系当中的具体应用。

一、绿色建筑体系中科学应用建筑智能化的重要性

建筑智能化并没有一个明确的定义，美国研究学者指出，所谓建筑智能化，主要指的是在满足建筑结构要求的前提之下，对建筑体系内部结构进行科学优化，为居民提供一个更加便利、宽松的生活环境。而欧盟则认为智能化建筑是对建筑内部资源的高效管理，在不断降低建筑体系施工与维护成本的基础之上，用户能够更好的享受服务。国际智能工程学会则认为：建筑智能化能够满足用户安全、舒适的居住需求，与普通建筑工程相比，各类建筑的灵活性较强。我国研究人员对建筑智能化的定位是施工设备的智能化，将施工设备管理与施工管理进行有效结合，真正实现以人为本的目标。

由于我国居民生活水平的不断提升，绿色建筑得到了大规模的发展，在绿色建筑体系当中，通过妥善应用建筑智能化技术，能够有效提升绿色建筑体系的安全性能与舒适性能，

真正达到节约资源的目标，对建筑周围的生态环境起到良好改善作用。结合《绿色建筑评价标准》（GB/T50328-2014）中的有关规定能够得知，通过大力发展绿色建筑体系，能够让居民与自然环境和谐相处，保证建筑的使用空间得到更好利用。

二、绿色建筑体系的特点

（一）节能性

与普通建筑相比，绿色建筑体系的节能性更加明显，能够保证建筑工程中的各项能源真正实现循环利用。例如，在某大型绿色建筑工程当中，设计人员通过将垃圾进行分类处理，能够保证生活废物得到高效处理，减少生活污染物的排放量。由于绿色建筑结构比较简单，居民的活动空间变得越来越大，建筑可利用空间的不断加大，有效提升了人们的居住质量。

（二）经济性

绿色建筑体系具有经济性特点，由于绿色建筑内部的各项设施比较完善，能够全面满足居民的生活、娱乐需求，促进居民之间的和谐沟通。为了保证太阳能的合理利用，有关设计人员结合绿色建筑体系特点，制定了合理的节水、节能应急预案，并结合绿色建筑体系运行过程中时常出现的问题，制定了相应的解决对策，在提升绿色建筑体系可靠性的同时，充分发挥该类建筑工程的各项功能，使得绿色建筑体系的经济性能得到更好体现。

三、绿色建筑体系中建筑智能化的具体应用

（一）工程概况

某项目地上 34 层为住宅楼，地下两层为停车室，总建筑面积为 12365.95m^2，占地面积为 1685.32m^2。在该建筑工程当中，通过合理应用建筑智能化理念，能够有效提高建筑内部空间的使用效果，进一步满足人们的居住需求。绿色建筑工程设计人员在实际工作当中，要运用“绿色”理念，“智能”手段，对绿色建筑体系进行合理规划，并认真遵守《绿色建筑技术导则》中的有关规定，不断提高绿色建筑的安全性能与可靠性能。

（二）设计阶段建筑智能化的应用

在绿色建筑设计阶段，设计人员要明确绿色建筑体系的设计要求，对室内环境与室外环境进行合理优化，节约大量的水资源、材料资源，进一步提升绿色建筑室内环境质量。在设计室外环境的过程当中，可以栽种适应力较强、生长速度快的树木，并采用无公害病虫害防治技术，不断规范杀虫剂与除草剂的使用量，防止杀虫剂与除草剂对土壤与地下水环境产生严重危害。为了进一步提升绿色建筑体系结构的完整性，社区物业部门需要建立相应的化学药品管理责任制度，并准确记录下树木病虫害防治药品的使用情况，定期引进生物制剂与仿生制剂等先进的无公害防治技术。

除此之外，设计人员还要根据该地区的地形地貌，对原有的工程设计方案进行优化，并不断减小工程施工对周围环境产生的影响，特别是水体与植被的影响等。设计人员还要考虑工程施工对周围地形地貌、水体与植被的影响，并在工程施工结束之后，及时采用生态复原措施，保证原场地环境更加完整。设计人员还要结合该地区的土壤条件，对其进行生态化处理，针对施工现场中可能出现的污染水体，采取先进的净化措施进行处理，在提升污染水体净化效果的同时，真正实现水资源的循环利用。

（三）施工阶段建筑智能化的应用

在绿色建筑工程施工阶段，通过应用建筑智能化技术，能够有效降低生态环境负荷，对该地区的水文环境起到良好地保护作用，真正实现提升各项能源利用效率、减少水资源浪费的目标。建筑智能化技术的应用，主要体现在工程管理方面，施工管理人员通过利用信息技术，将工程中的各项信息进行收集与汇总，在这个过程当中，如果出现错误的施工信息，软件能够准确识别错误信息，更好的减轻了施工管理人员的工作负担。

在该绿色建筑工程项目当中，施工人员进行海绵城市建设，其建筑规模如下：①在小区当中的停车位位置铺装透水材料，主要包括非机动车位与机动车位，防止地表雨水的流失。②合理设置下凹式绿地，该下凹式绿地占地面地下室顶板绿地的 90%，具有较好的调节储蓄功能。③该工程项目设置屋顶绿化 698.25m^2，剩余的屋面则布置太阳能设备，通过在屋顶布设合理的绿化，能够有效减少热岛效应的出现，不断减少雨水的地表径流量，对绿色建筑工程项目的使用环境起到良好的美化作用。

（四）运行阶段建筑智能化的应用

在绿色建筑工程项目运行与维护阶段，建筑智能化技术的合理应用，能够保证项目中的网络管理系统更加稳定运行，真正实现资源、消耗品与绿色的高效管理。所谓网络管理系统，能够对工程项目中的各项能耗与环境质量进行全面监管，保证小区物业管理水平与效率得到全面提升。在该绿色建筑工程项目当中，施工人员最好不采用电直接加热设备作为供暖控台系统，要对原有的采暖与空调系统冷热源进行科学改进，并结合该地区的气候特点、建筑项目的负荷特性，选择相应的热源形式。该绿色建筑工程项目中采用集中空调供暖设备，拟采用 2 台螺杆式水冷冷水机组，机组制冷量为 1160kW 左右。

综上所述，通过详细介绍建筑智能化技术在绿色建筑体系设计阶段、施工阶段、运行阶段的应用要点，能够帮助有关人员更好的了解建筑智能化技术的应用流程，对绿色建筑体系的稳定发展起到良好推动作用。对于绿色建筑工程项目中的设计人员而言，要主动学习先进的建筑智能化技术，不断提高自身的智能化管理能力，保证建筑智能化在绿色建筑体系中得到更好运用。

第三节　建筑电气与智能化建筑的发展和应用

智能化建筑在当前建筑行业中越来越常见，对于智能化建筑的构建和运营而言，建筑电气系统需要引起高度关注，只有确保所有建筑电气系统能够稳定有序运行，进而才能够更好保障智能化建筑应有功能的表达。基于此，针对建筑电气与智能化建筑的应用予以深入探究，成为未来智能化建筑发展的重要方向，本节就首先介绍了现阶段建筑电气和智能化建筑的发展状况，然后又具体探讨了建筑电气智能化系统的应用，以供参考。

现阶段智能化建筑的发展越来越受重视，为了进一步凸显智能化建筑的应用效益，提升智能化建筑的功能价值，必然需要重点围绕着智能化建筑的电气系统进行优化布置，以求形成更为协调有序的整体运行效果。在建筑电气和智能化建筑的发展中，当前受重视程度越来越高，尤其是伴随着各类先进技术手段的创新应用，建筑智能化电气系统的运行同样也越来越高效。但是针对建筑电气和智能化建筑的具体应用方式和要点依然有待于进一步探究。

一、建筑电气和智能化建筑的发展

当前建筑行业的发展速度越来越快，不仅仅表现在施工技术的创新优化上，往往还和建筑工程项目中引入的大量先进技术和设备有关，尤其是对于智能化建筑的构建，更是在实际应用中表现出了较强的作用价值。对于智能化建筑的构建和实际应用而言，其往往表现出了多方面优势，比如可以更大程度上满足用户的需求，体现更强的人性化理念，在节能环保以及安全保障方面同样也具备更强作用，成为未来建筑行业发展的重要方向。在智能化建筑施工构建中，各类电气设备的应用成为重中之重，只有确保所有电气设备能够稳定有序运行，进而才能够满足应有功能。基于此，建筑电气和智能化建筑的协同发展应该引起高度关注，以求促使智能化建筑可以表现出更强的应用价值。

在建筑电气和智能化建筑的协同发展中，智能化建筑电气理念成为关键发展点，也是未来我国住宅优化发展的方向，有助于确保所有住宅内电气设备的稳定可靠运行。当然，伴随着建筑物内部电气设备的不断增多，相应智能化建筑电气系统的构建难度同样也比较大，对于设计以及施工布线等都提出了更高要求。同时，对于智能化建筑电气系统中涉及的所有电气设备以及管线材料也应该加大关注力度，以求更好维系整个智能化建筑电气系统的稳定运行，这也是未来发展和优化的重要关注点。

从现阶段建筑电气和智能化建筑的发展需求上来看，首先应该关注以人为本的理念，要求相应智能化建筑电气系统的运行可以较好符合人们提出的多方面要求，尤其是需要注重为建筑物居住者营造较为舒适的室内环境，可以更好提升建筑物居住质量；其次，在智能化建筑电气系统的构建和运行中还需要充分考虑到节能需求，这也是开发该系统的重要目标，需要促使其能够充分节约以往建筑电气系统运行中不必要的能源消耗，在更为节能的前提下提升建筑物运行价值；最后，建筑电气和智能化建筑的优化发展还需要充分关注于建筑物的安全性，能够切实围绕着相应系统的安全防护功能予以优化，确保安全监管更为全面，同时能够借助于自动控制手段形成全方位保护，进一步提升智能化建筑应用价值。

二、建筑电气与智能化建筑的应用

（一）智能化电气照明系统

在智能化建筑构建中，电气照明系统作为必不可少的重要组成部分应该予以高度关注，确保电气照明系统的运用能够体现出较强的智能化特点，可以在照明系统能耗损失控制以及照明效果优化等方面发挥积极作用。电气照明系统虽然在长期运行下并不会需要大量的电能，但是同样也会出现明显的能耗损失，以往照明系统中往往有 15% 左右的电力能源被浪费，这也就成为建筑电气和智能化建筑优化应用的重要着眼点。针对整个电气照明系统进行智能化处理需要首先考虑到照明系统的调节和控制，在选定高质量灯源的前提下，借助于恰当灵活的调控系统，实现照明强度的实时控制，如此也就可以更好满足居住者的照明需求，同时还有助于规避不必要的电力能源损耗。虽然电气照明系统的智能化控制相对简单，但是同样也涉及了较多的控制单元和功能需求，比如时间控制、亮度记忆控制、调光控制以及软启动控制等，都需要灵活运用到建筑电气照明系统中，同时借助于集中控制和现场控制，实现对于智能化电气照明系统的优化管控，以便更好提升其运行效果。

（二）BAS 线路

建筑电气和智能化建筑的具体应用还需要重点考虑到 BAS 线路的合理布设，确保整个 BAS 运行更为顺畅高效，避免在任何环节中出现严重隐患问题。在 BAS 线路布设中，首先应该考虑到各类不同线路的选用需求，比如通信线路、流量计线路以及各类传感器线路，都需要选用屏蔽线进行布设，甚至需要采取相应产品制造商提供的专门导线，以避免在后续运行中出现运行不畅现象。在 BAS 线路布设中还需要充分考虑到弱电系统相关联的各类线路连接需求，确保这些线路的布设更为合理，尤其是对于大量电子设备的协调运行要求，更是应该借助于恰当的线路布设予以满足。另外，为了更好确保弱电系统以及相关设备的安全稳定运行，往往还需要切实围绕着接地线路进行严格把关，确保各方面的接地处理都可以得到规范执行，除了传统的保护接地，还需要关注于弱电系统提出的屏蔽接地以及信号接地等高要求，对于该方面线路电阻进行准确把关，避免出现接地功能受损问题。

（三）弱电系统和强电系统的协调配合

在建筑电气与智能化建筑构建应用中，弱电系统和强电系统之间的协调配合同样也应该引起高度重视，避免因为两者间存在的明显不一致问题，影响到后续各类电气设备的运行状态。在智能化建筑中做好弱电系统和强电系统的协调配合往往还需要首先分析两者间的相互作用机制，对于强电系统中涉及的各类电气设备进行充分研究，探讨如何借助于弱电系统予以调控管理，以促使其可以发挥出理想的作用价值。比如在智能化建筑中进行空调系统的构建，就需要重点关注于空调设备和相关监控系统的协调配合，促使空调系统不仅仅可以稳定运行，还能够有效借助于温度传感器以及湿度传感器进行实时调控，以便空调设备可以更好服务于室内环境，确保智能化建筑的应用价值得到进一步提升。

（四）系统集成

对于建筑电气与智能化建筑的应用而言，因为其弱电系统相对较为复杂，往往包含多个子系统，如此也就必然需要重点围绕着这些弱电项目子系统进行有效集成，确保智能化建筑运行更为高效稳定。基于此，为了更好促使智能化建筑中涉及的所有信息都能够得到有效共享，应该首先关注于各个弱电子系统之间的协调性，尽量避免相互之间存在明显冲突。当前智能楼宇集成水平越来越高，但是同样也存在着一些缺陷，有待于进一步优化完善。

在当前建筑电气与智能化建筑的发展中，为了更好提升其应用价值，往往需要重点围绕着智能化建筑电气系统的各个组成部分进行全方位分析，以求形成更为完整协调的运行机制，切实优化智能化建筑应用价值。

第四节　建筑智能化系统集成设计与应用

随着社会不断进步，建筑的使用功能获得极大丰富，从开始单纯为人们遮风挡雨，到现在协助人们完成各项生活、生产活动，其数字化水平、信息化程度和安全系数受到了人们的广泛关注。

由此可以看出，建筑智能化必将成为时代发展的趋势和方向。如今，集成系统在建筑的智能化建设中得到了广泛应用，引起了建筑质的变化。

一、现代建筑智能化发展现状

科学技术的进步推动了建筑行业的改革与发展。近年来，我国的智能化建筑领域呈现出良好的发展态势，并且其在设计、结构、使用等方面与传统建筑相互有着明显的差别，因此备受人们的关注。

如今，我们已经进入了网络时代，建筑建设也逐渐向集成化和科学化方向发展。智能建筑全部采用现代技术，并将一系列信息化设备应用到建筑设计和实际施工中，使智能建筑具有强大的实用性功能，进而为人们的生产生活提供更为优质的服务。

现阶段，各个国家对智能建筑均持不同的意见与看法，我国针对智能建筑也颁布了一系列的政策与标准。总的来说，智能建筑发展必须以信息集成技术为支撑，而如何实现系统集成技术在智能建筑中的良好应用，提高用户的使用体验就成了建筑行业亟须研究的问题。

二、建筑智能化系统集成目标

建筑智能化系统的建立，首先需要确定集成目标，而目标是否科学合理，对建筑智能化系统的建立具有决定性意义。在具体施工中，经常会出现目标评价标准不统一，或是目标不明确的情况，进而导致承包方与业主出现严重的分歧，甚至出现工程返工的情况，这造成了施工时间与资源的大量浪费，给承包方造成了大量的经济损失，同时业主的居住体验和系统性能价格比也会直线下降，并且业主的投资也未能得到相应的回报。

建筑智能化系统集成目标要充分体现操作性、方向性和及物性的特点。其中，操作性是决策活动中提出的控制策略，能够影响与目标相关的事件，促使其向目标方向靠拢。方向性是目标对相关事件的未来活动进行引导，实现策略的合理选择。及物性是指与目标相关或是目标能直接涉及的一些事件，并为决策提供依据。

三、建筑智能化系统集成的设计与实现

（一）硬接点方式

如今，智能建筑中包含许多的系统方式，简单的就是在某一系统设备中通过增加该系统的输入接点、输出接点和传感器，再将其接入另外一个系统的输入接点和输出接点来进行集成，向人们传递简单的开关信号。该方式得到了人们的广泛应用，尤其在需要传输紧急、简单的信号系统中最为常用，如报警信号等。硬接点方式不仅能够有效降低施工成本，而且为系统的可靠性和稳定性提供保障。

（二）串行通信方式

串行通信方式是一种通过硬件来进行各子系统连接的方式，是目前较为常用的手段之一。其较硬接点方式来说成本更低，且大多数建设者也能够依靠自身技能来实现该方式的应用。通过应用串行通信的方式，可以对现有设备进行改进和升级，并使其具备集成功能。该方式是在现场控制器上增加串行通信接口，通过串行通信接口与其他系统进行通信，但该方式需要根据使用者的具体需求来展开研发，针对性很强。同时其需要通过串行通信协议转换的方式来进行信息的采集，通信速率较低。

（三）计算机网络

计算机是实现建筑智能化系统集成的重要媒介。近几年来，计算机技术得到了迅猛的发展与进步，给人们的生产生活带来了极大的便利。建筑智能化系统生产厂商要将计算机技术充分利用起来，设计满足客户需求的智能化集成系统，例如保安监控系统、消防报警、楼宇自控等，将其通过网络技术进行连接，达到系统间互相传递信息的作用。通过应用计算机技术和网络技术，减少了相关设备的大量使用，并实现了资源共享，充分体现了现代系统集成的发展与进步，并且在信息速度和信息量上均体现出了显著的优势。

（四）OPC 技术

OPC 技术是一种新型的具有开放性的技术集成方式，若说计算机网络系统集成是系统的内部联系，那么 OPC 技术是更大范围的外部联系。通过应用计算机技术，能够促进各个商家间的联系，而通过构建开放式系统，例如围绕楼宇控制系统，能够促使各个商家、建筑的子系统按照统一的发展方式和标准，通过网络管理、协议的方式为集成系统提供相应的数据，时刻做到标准化管理。同时，通过应用 OPC 技术，还能将不同供应商所提供的应用程序、服务程序和驱动程序做集成处理，使供应商、用户均能在 OPC 技术中感受到其带来的便捷。此外，OPC 技术还能作为不同服务器与客户的连接桥梁，为两者建立一种即插即用的链接关系，并显示出其简单性和规范性的特点。在此过程中，开发商无需投入大量的资金与精力来开发各硬件系统，只需开发一个科学完善的 OPC 服务器，即可实现标准化服务。由此可见，基于标准化网络，将楼宇自控系统作为核心的集成模式，具有性能优良、经济实用的特点，值得广为推荐。

四、建筑智能化系统集成的具体应用

（一）设备自动化系统的应用

实现建筑设备的自动化、智能化发展，为建筑智能化提供了强大的发展动力。所谓的设备自动化就是指实现建筑对内部安保设备、消防设备和机电设备等的自动化管理，如照明、排水、电梯和消防等相关的大型机电设备。相关管理人员必须要对这些设备进行定期检查和保养，保障其正常运行。实现设备系统的自动化，大大提高了建筑设备的使用性能，并保障了设备的可靠性和安全性，对提升建筑的使用功能和安全性能起到了关键的作用。

（二）办公自动化系统的应用

通过办公自动化系统的有效应用，能够大大提高办公质量与效率，并极大地改善办公环境，避免出现人工失误，进而及时、高效地完成相应的工作任务。办公自动化系统通过借助先进的办公技术和设备，对信息进行加工、处理、储存和传输，较纸质档案来说更为牢靠和安全，并大大节省了办公的空间，降低了成本投入。同时，对于数据处理问题，通过应用先进的办公技术，使信息加工更为准确和快捷。

（三）现场控制总线网络的应用

现场控制总线网络是一种标准的开放的控制系统，能够对各子系统数据库中的监控模块进行信息、数据的采集，并对各监控子系统进行联动控制，主要通过 OPC 技术、COM/DCOM 技术等标准的通信协议来实现。建筑的监控系统管理人员可利用各子系统来进行工作站的控制，监视和控制各子系统的设备运行情况和监控点报警情况，并实时查询历史数据信息，同时进行历史数据信息的储存和打印，再设定和修改监控点的属性、时间和事件的相应程序，并干预控制设备的手动操作。此外，对各系统的现场控制总线网络与各智能化子系统的以太网还应设置相关的管理机制，保证系统操作和网络的安全管理。

综上所述，建筑智能化系统集成是一项重要的科技创新，极大地满足了人们对智能建筑的需求，让人们充分体会到了智能化所带来的便捷与安全。同时，建筑智能化也对社会经济的发展起到了一定的促进作用。如今，智能化已经体现在生产生活的各个方面，并成为未来的重要发展趋势，对此，国家应大力推动建筑智能化系统集成的发展，为人们营造良好的生活与工作环境，促进社会和谐与稳定。

第五节 信息技术在建筑智能化建设中的应用

我国经济的高速发展及信息化社会、工业化进程的不断推进，使我国各地在一定限度上涌现出了投资额度不一、建设类型不一的诸多大型建筑工程项目，而面对体量较大的建筑工程主体管理工作，若不采用高效的科学的管理工具进行辅助，就会在极大限度上直接加大管理工作人员工作难度，甚至会给建筑工程项目建设带来不必要的负面影响。

信息技术的不断发展和应用，给传统的建筑管理工作带来了不可估量的影响，借助信息技术的不断应用，建筑主体智能化管理、视频监控管理、照明系统管理等现代信息技术的不断应用，借助对系统数据信息的深度挖掘和分析，实现了对建筑主体的自动化管控，为我国智能建筑市场优势的打造奠定了坚实的基础。

一、项目概况

为进一步探究信息技术在建筑智能化建设中的广泛应用，本节以某综合性三级甲等医院为主要研究对象，探究了该三甲医院门急诊病房的综合楼项目建设工程。

进一步分析该建设工程项目可知，该项目主要由住院病区、门诊区、急诊区、医疗技术区、中心供应区、后勤服务区和地下停车场区等重要部分组成，地面面积总共为 5.1 万 m^2，总建筑面积为 23.8 万 m^2。

该三甲医院门诊急诊病房综合楼工程项目建设设计门诊量为 6 000 人 /d，实际急诊量为 800 人 /d，实际拥有病床 1 700 个，共拥有手术室 82 间。

二、建筑智能化系统架构

随着现代社会人们物质生活水平的普遍提高和信息化技术、数字化技术、智能化技术的不断进步与发展，医疗服务的数字化水平、自动化水平和智能化水平逐步普及，建筑智能化系统在医疗建筑工程项目领域中的应用愈加广泛，在较大限度上直接加大了智能化建设项目成本的压力。因此，为了尽可能地强化建筑智能化设计，考虑用户核心需要、使用需求、管理模式、建设资金等多方面综合情况，进而对建筑智能化系统的相关功能、规模配置以及系统标准等方面进行综合考量，达到标准合格、功能齐全、社会效益和经济效益的最大化平衡，为人民生活谋取最大化福利。

三、系统集成技术应用

（一）系统集成原理

在利用信息化技术对建筑工程项目进行智能化建设和管理时，相关工作人员应严格按照建筑智能化工程项目建设规划及管理规划，在使用信息技术工具及其软件系统等多样化方式的基础上，增强对建筑工程项目的智能化系统集成。例如，在闵行区标准化考场视频巡查系统的改扩建项目中，工作人员首先应借助相关软件实现对工程项目建设硬件设备数据的采集、存储、整理和分析，进而通过相应信息软件对相关硬件设备的数据进行优化控制与管理。在此过程中，必须密切关注硬件设备与系统软件之间的天然差异所带来的数据交互以及数据处理的困难，根据所建设工程项目的实际标准选取更加恰当和适宜的过程控制标准，尽可能地选择由 OPC 基金会所制定的工业过程控制 OPC 标准，解决硬件服务商和系统软件集成服务商之间数据通信难度的同时，为上下位的数据信息通信提供更加透明的通道，从而实现硬件设备和软件系统之间数据信息的自由交换，进而为建筑工程项目智能化设计系统的开放性、可扩展性、兼容性、简便性等奠定坚实的基础，为建筑工程智能化管理提供可靠的保障。

（二）系统集成关键技术

为尽可能全面地满足建筑工程项目的智能化管理和建设需求，需借助先进科学的信息技术，在结合建筑工程智能化建设管理用户需求和建设需求目标的基础上进行整体设计和综合考量，进而制定满足特定建筑智能化管理目标的管理方案和管理措施。一般而言，在建筑工程项目智能化集成系统的设计过程中，其应用技术主要包括计算机技术、图像识别技术、数据通信技术、数据存储技术以及自动化控制技术等重要类型。就计算机技术而言，由于在所有的系统软件运行过程中都离不开计算机硬件设备及软件系统支撑等重要媒介，因此，为了尽可能地提高建筑工程智能化集成系统的实际应用效能，满足工程项目智能化建设的总体需求，就需要尽可能地使用先进的计算机管理技术，保证计算机媒介性能提升的同时，确保计算机网络系统的稳定性、安全性、服务可持续性、兼容性及高效性，为满足建筑智能化建设目标奠定坚实的基础。其次是图像识别技术，在建筑智能化集成系统子系统的集成过程中，由于集成对象包括了建筑工程项目出入车辆的监控、视频数据信息的采集等众多图像采集子系统，因此，为了更高效地完成系统集成目标，将各图像采集子系统所采集到的数据信息转化为可读性更强的数字化信息，就需采用高效的图像识别技术，完成对输入图像数据信息的识别、采集、存储和分析，最终完成图像信息到可读数字化信息的转换。就数据通信技术而言，建筑智能化集成系统在其设计过程中采用了集中式的数据存储管理模式，由建筑智能化集成系统的各子系统根据自身设备的实际运行状况实时记录和存储相应的生产数据信息，进而利用专业化程度较高的数据通信技术，将实时的生产数据信息进行集中汇总和存储，从而保证建筑智能化集成子系统数据信息能够持续稳定且可靠准确地上报集成数据中心，完成数据通信和数据存储过程。就自动化控制技术而言，建筑智能化集成系统之所以能够称为智能化系统的重要原因，即建筑智能化集成系统能够根据相应的预先设定的规则，对所采集到的数据信息进行分析处理而完成自动化控制，并进一步根据系统的分析结果采取相应的处置措施，且在一系列的数据处理和措施设计过程中并不需要人工参与，从而大幅度提高了建筑工程项目的实际管理效率和管理质量。因此，为有效提升系统的整体应用价值，就必须确保建筑智能化集成系统的自动化控制水准达到基本要求。

（三）系统集成分析

在闵行法院机房 UPS 项目智能化系统的建设过程中，为了尽可能地提高智能化系统的集成综合服务能力，根据现有的 5A 级智能化工程项目建设目标，包括楼宇设备自动化系统、安全自动防范系统、通信自动化系统、办公自动化系统和火灾消防联动报警系统等，在结合工程项目建设智能化管理实际需求的基础上，对现有的建筑智能化系统集成进行分层次的集成架构设计，确保建筑智能化系统集成物理设备层、数据通信层、数据分析层以及数据决策层等相关数据信息的可获得性和功能目标完成的科学性。其中，在对物理设备层进行架构时，必须根据不同的建筑工程项目主体智能化建设需求的不同，以 5A 级智能化建设项目为基本指导，在安装各智能化应用子系统过程中有所侧重，有所忽略。就通信层设计而言，主要是为了完成集成系统和各子系统之间数据信息交换接口的定义以及交换数据信息协议的补充，实现数据信息之间的互联互通，而数据分析层则主要是为了完成各子系统所采集到的数据信息的自动化分析和智能化控制，最终为数字决策层提供更加科学、更加准确的数据支撑。

总之，信息技术在建筑智能化建设和管理过程中具备不容忽视的使用价值和重要作用，不仅能在较大限度上直接改善建筑智能化系统的实际运营过程，确保建筑智能化各项运营需求和运营功能的实现，更能够有力地推动建筑智能化向智能建筑和智慧建筑方向发展，充分提高智能建筑实际运营质量的同时，实现智能建筑中的物物相连，为信息的“互联互通”和人们的舒适生活做出贡献。

第六节　智能楼宇建筑中楼宇智能化技术的应用

经济城市化水平的急剧发展带动了建筑业的迅猛发展，在高度信息化、智能化的社会背景下，建筑业与智能化的结合已成为当前经济发展的主要趋势，在现代建筑体系中，已经融入了大量的智能化产物，这种有机结合建筑，增添了楼宇的便捷服务功能，给用户带来了全新的体验。本节就智能化系统在楼宇建筑中的高效应用进行研究，根据智能化楼宇的需求，研制更加成熟的应用技术，改进楼宇智能化功能，为人们提供更加便捷、科技化的享受。

楼宇智能化技术作为新世纪高新技术与建筑的结合产物，其技术设计多个领域，不仅需要有专业的建筑技术人员，更需要懂科技、懂信息等科技人才相互协作才能确保楼宇智能化的实现。楼宇智能化设计中，对智能化建设工程的安全性、质量和通信标准要求极高。只有全面的掌握楼宇建筑详细资料，选取适合楼宇智能化的技术，才能建造出多功能、大规模、高效能的建筑体系，从而为人们创建更加舒适的住房环境和办公条件。

一、智能化楼宇建设技术的现状概述

在建筑行业中使用智能化技术，是集结了先进了科学智能化控制技术和自动通信系统，是人们不断改造利用现代化技术，逐渐优化楼宇建筑功能，提升建筑物服务的一种技术手段。20 世纪 80 年代，第一栋拥有智能化建设的楼宇在美国诞生，自此之后，楼宇智能化技术在全世界各地进行推广。我国作为国际上具有实力潜力的大国，针对智能化在建筑物中的应用进行了细致的研究和深入的探讨，最终制定了符合中国标准的智能化建筑技术，并做出相关规定和科学准则。在国家经济的全力支撑下，智能化楼宇如春笋般，遍地开花。国家相关部分进行综合决策，制定了多套符合中国智能化建设的法律法规，使智能化楼宇在审批中、建筑中、验收的各个环节都能有标准的法律法规，这对于智能化建筑在未来的发展中给予了重大帮助和政策支撑。

二、楼宇智能化技术在建筑中的有效用应用

（一）机电一体化自控系统

机电设备是建筑中重要的系统，主要包括楼房的供暖系统、空调制冷系统、楼宇供排水体系、自动化供电系统等。楼房供暖与制冷系统调控系统：借助于楼宇内的自动化调控

系统，能够根据室内环境的温度，开展一系列的技术措施，对其进行功能化、标准化的操控和监督管理。同时系统能后通过自感设备对外界温湿度进行精准检测，并自动调节，进而改善整个楼宇内部的温湿条件，为人们提供更高效、更适宜的服务体验。当楼宇供暖和制冷系统出现故障时，自控系统能够寻找到故障发生根源，并及时进行汇报，同时也可实现自身对问题的调控，将问题降到最低范围。

供排水自控系统：楼宇建设中供排水系统是最重要的工程项目，为了使供排水系统能够更好的为用户服务，可以借助于自控较高系统对水泵的系统进行 24 小时的监控，当出现问题障碍时，能够及时报警。同时，其监控系统，能够根据污水的排放管道的堵塞情况、处理过程等方面实施全天候的监控与管理。此外，自控制系统能够实时监测系统供排水系统的压力符合，压力过大时能够及时减压处理，保障水系统的供排在一定的掌控范围中。最大程度的减少供排水系统的障碍出现的频率。

电力供配自控系统：智能化楼宇建设中最大的动力来源就是“电”，因此，合理的控制电力的供给和分配是电力实现智能化建筑楼宇的重中之重。在电力供配系统中增添控制系统，实现全天候的检测，能够准确把握各个环节，确保整个系统能够正常的运行。当某个环节出现问题时，自控系统能够及时地检测出，并自动生成程序解决供电故障，或发出警报信号，提醒检修人员进行维修。能够实现对电力供配系统的监控主要依赖于传感系统发出的数据信息与预报指令。根据系统做出的指令，能够及时切断故障的电源，控制该区域的网络运行，从而保障电力系统的其他领域安全工作。

（二）防火报警自动化控制系统

搭建防火报警系统是现代楼宇建设中最重要的安全保障系统，对于智能化楼宇建筑而言，该系统的建设具有重大意义，由于智能化建筑中需要大功率的电子设备，来支撑楼宇各个系统的正常运转，在保障楼宇安全的前提下，消防系统的作用至关重要。当某一个系统中出现短路或电子设备发生异常时，就会出现跑电漏电等现象，若不能及时对其进行控制，很容易引发火灾。防火报警系统能够及时地检测出排布在各个楼宇系统中的电力运行状态，并实施远程监控和操作。一旦发生火灾时，便可自动做出消防措施，同时发出报警信号。

（三）安全防护自控系统

现代楼宇建设中，设计了多项安全防护系统，其中包括：楼宇内外监控系统、室内外防盗监控系统、闭路电视监控。楼宇内外监控系统，是对进出楼宇的人员和车辆进行自动化辨别，确保楼宇内部安全的第一道防线，这一监测系统包括门禁卡辨别装置、红外遥控操作器、对讲电话设备等，进出人员刷门禁卡时，监控系统能够及时地辨别出人员的信息，并保存与计算机系统中，待计算机对其数据进行辨别后传出进出指令。室内外防盗监控系统主要通过红外检测系统对其进行辨别，发现异常行为后能够自动发出警报并报警。闭路电视监控系统是现代智能化楼宇中常用的监测系统，通过室外监控进行人物呈像，并进行记录、保存。

（四）网络通信自控系统

网络通信自控系统，是采用PBX系统对建筑物中声音、图形等进行收集、加工、合成、传输的一种现代通信技术，它主要以语音收集为核心，同时也连接了计算机数据处理中心设备，是一种集电话、网络为一体的高智能网络通信系统，通过卫星通信、网络的连接和广域网的使用，将收集到的语音资料通过多媒体等信息技术传递给用户，实现更高效便捷的通信与交流。

在信息技术发展迅猛的今天，智能化技术必将广泛应用于楼宇的建筑中，这项将人工智能与建筑业的有机结合技术是现代建筑的产物，在这种建筑模式高速发展的背景下，传统的楼宇建筑技术必将被取代。这不仅是时代向前发展的决定，同时也是人们的未来住房功能和服务的要求，在未来的建筑业发展中，实现全面的智能化为建筑业提供了发展的方向。此外，随着建筑业智能化水平的日渐提升，为各大院校的从业人员也提供了坚实的就业保障和就业方向。

第七节　建筑智能化系统的智慧化平台应用

在物联网、大数据技术的快速发展的大背景下，有效推动了建筑智能化系统的发展，通过打造智慧化平台，使得系统智能化功能更加丰富，极大提升了人们的居住体验，降低了建筑能耗，更加方便对建筑运行进行统一管理，对于推动智能建筑实现可持续发展具有重要的意义。

一、建筑智能化系统概述

建筑智能化系统，最早兴起于西方，早在1984年，美国的一家联合科技UTBS公司通过将一座金融大厦进行改造并命名为“City Place”，具体改造过程即是在大厦原有的结构基础之上，通过增添一些信息化设备，并应用一些信息技术，例如计算机设备、程序交换机、数据通信线路等，使得大厦整体功能发生了质的改变，住在其中的用户因此能够享受到文字处理、通信、电子信函等多种信息化服务，与此同时，大厦的空调、给排水、供电设备也可以由计算机进行控制，从而使得大厦整体实现了信息化、自动化，为住户提供了更为舒适的服务与居住环境，自此以后，智能建筑走上了高速发展的道路。

如今随着物联网技术的飞速发展，使得建筑智能化系统中的功能更加丰富，并衍生了一种新的智慧化平台，该平台依托于物联网，不仅融入了常规的信息通信技术，还应用了云计算技术、GPS、GIS、大数据技术等，使得建筑智能化系统的智能性得到更为显著的体现，在建筑节能、安防等方面发挥着非常重要的作用。

二、智慧平台的 5 大作用

通过传统的建筑智能化衍生为系统智能化，将局域的智能化通过通信技术进行了升级和加强，再通过平台集成将原有智能化各个系统统一为一个操作界面，使智能化管理更加便捷和智能。以下有五大优点

（一）实施对设施设备运维管理

针对建筑设施设备使用期限，实现自动化管理，建筑智能化系统设备一般开始使用后，在系统之中，会自动设定预计使用年限，在设备将要达到使用年限后，可以向用户发出更换提醒。设施设备维护自动提醒，以提前设置好的设备的维护周期内容为依据，并结合设备上次维护时间，系统能够自动生成下一次设备维护内容清单，并能够自动提醒。并针对系统维护、维修状况，能够实现自动关联，并根据相关设备，实现详细内容查询，一直到设备报废或者从建筑中撤除。能够对系统设备近期维护状况进行实时检查，能够提前了解基本情况，并来到现场对设备运行状态加以确认，了解详细情况，并将故障信息实施上传，更加方便管理层进行决策，及时制定对合理的应对方案。例如借助云平台，收集建筑运行信息，并能够对这些信息进行集中分析，例如通过统计设备故障率，获得不同设备使用寿命参照数据，并通过可视化技术以图表形式现实出来，更加有助于实现事前合理预测，提前做好预防措施，有效提升系统设备的管理质量水平。

（二）有效的降低能耗，提高日常管理

将建筑内涉及能源采集、计量、监测、分析、控制等的设备和子系统集中在一起，实现能源的全方位监控，通过各能源设备的数据交互和先进的计算机技术实现主动节能的同时，还可通过对能源的使用数据进行横向、纵向的对比分析，找到能源消耗与楼宇经营管理活动中不匹配的地方，抓住关键因素，在保证正常的生产经营活动不受影响及健康舒适工作环境的前提下，实现持续的降低能耗。同时该系统通过 I/O、监听等专有服务，将建筑内的所有供能设备及耗能设备进行统一集成，然后利用数据采集器、串口服务器，实现各类智能水表、电表、燃气表、冷热能量表的能耗数据的获取。并通过数据采集器、串口服务器或者各种接口协议转换，对建筑各种能耗装置设备进行实时监控和设备管理。针对收集的能耗数据，通过利用大规模并行处理和列存储数据库等手段，将信息进行半结构化和非结构化重构，用于进行更高级别的数据分析。同时系统嵌入建筑的 2D/3D 电子地图导航，将各类能耗的监测点标注在实际位置上，使得布局明晰并方便查找。在 2D/3D 效果图上选择建筑的任何用能区域，可以实时监测能耗设备的实时监测参数及能耗情况，让管理人员和使用者能够随时了解建筑的能耗情况，提高节能意识。在此基础上，还能够完成不同建筑能源的分时—分段计费、多角度能耗对比分析、用能终端控制等功能。

（三）应急指挥

将智能化的各个子系统通过软件对接的方式平台管理，通过智能分析及大数据分析，有效提高管理人员的管理水平。

其中网络设备系统、无线WiFi系统、高清视频监控系统、人脸识别系统、信息发布系统、智能广播系统、智能停车场系统等各个独立的智能化系统有机的结合实现：

1.危险预防能力

通过具有人脸识别、智能视频分析、热力分析等功能，在一些危险区域、事态进行提前预判，有针对性的管理。

全天时工作，自动分析视频并报警，误报率低，降低因为管理人员人为失误引起的高误差。将传统的“被动”视频监控化转变为“主动”监控，在报警发生的同时实时监视和记录事件过程。

热力图分析的本质——点数据分析。一般来说，点模式分析可以用来描述任何类型的事件数据（incident data），我们通过分析，可以使点数据变为点信息，可以更好地理解空间点过程，可以准确地发现隐藏在空间点背后的规律。让管理人员得到有效的数据支持，及时规避和疏导。

2.应急指挥

应急指挥基于先进信息技术、网络技术、GIS技术、通信技术和应急信息资源基础上，实现紧急事件报警的统一接入与交换，根据突发公共事件突发性、区域性、持续性等特点，以及应急组织指挥机构及其职责、工作流程、应急响应、处置方案等应急业务的集成。

同过音视频系统、会议系统、通信系统、后期保障系统等实现应急指挥功能。

3.事后分析总结能力

通过事件的流程和发生的原因，进行数据分析，为事后总结分析提供数据支持，避免类此事件再次发生提供保障。

（四）用户的体验舒适

1.客户提醒

通过广播和LED通过数字化连接，通过平台统一发放，能做到分区播放，不同区域不同提示，让体验度提高。

让客户在陌生的环境下能在第一时间通过广播系统和显示系统得到信息，摆脱困扰。

2.信用体系

在平台数据提取的帮助下，建立各类信用体系，也对管理者提供了改进和针对性投入，从而规范市场规则。

（五）营销广告作用

通过各类数据提供，能提取有效的资源供给建设方或管理方，有针对性的进行宣传和营销，提高推广渠道。

不断关注营销渠道反馈的信息，能改进营销手段，有方向投入，提高销售效率，在线上线下发挥重要作用。

三、智慧平台行业广泛应用

依托互联网、无线网、物联网、GIS服务等信息技术，将城市间运行的各个核心系统整合起来，实现物、事、人及城市功能系统之间无缝连接与协同联动，为智慧城的“感”“传”“智”“用”提供了基础支撑，从而对城市管理、公众服务等多种需求做出智能的响应，形成基于海量信息和智能过滤处理的新的社会管理模式，是早期数字城市平台的进一步发展，是信息技术应用的升级和深化。

在平台的帮助下，各个建设方和管理方能有依有据，能做到精准投入，高效回报，提高管理水平，提高服务水平。

综上所述，当下随着建筑智能化系统的智慧化平台的应用发展，有效提升了建筑智能化运行管理水平，为人们的日常生活带来了非常大的便利。因此需要科技工作者与行业人员进一步加强建筑智能化系统的智慧化平台的应用研究，从而打造出更实用、更强大的智慧化应用平台，充分利用现代信息科技推动建筑行业实现更加平稳顺利的发展。

第八节　建筑智能化技术与节能应用

近些年来，伴随着我国经济科技的快速发展，人民生活水平的不断提高，对建筑方面的要求也变得越来越高。它已经不仅仅是局限于外部设计和内部结构构造，更重要的是建筑质量方面的智能化和节能应用方面。在这样的情况之下，我国的建筑智能化技术得到了快速发展并且普遍应用于我们的生活之中，给我们的生活产生的很大的变化和影响，得到了社会相关专业人员的认可以及国家的高度重视。在本节之中，作者会详细对建筑智能化的技术与节能应用方面进行分析。

随着信息时代的到来，我国的生活各个方面基本上已经进入了信息化时代，就是我们俗称的新时代。建筑行业作为科学技术的代表之一，也基本上实现了智能化，建筑智能化技术得到了广泛的应用，并且随着我国环境压力的增大，可持续发展理论的深入，人们对建筑的节能要求也变得越来越高。建筑行业不仅要求智能化技术的应用，在建筑节能方面的应用也是一个巨大的挑战。但是有挑战就有发展空间，在接下来的时间里，建筑智能化技术和节能应用会得到快速发展并且达到一个新的高度。

一、智能建筑的内涵

相较于传统建筑而言，智能建筑所涉及的范围更加宽广和全面。传统建筑工作人员可能只需要学习与建筑方面的相关专业知识并且能够把它应用到建筑物之中便可以了，而智能建筑工作人员仅仅是有丰富的理论素养是远远不够的。智能建筑是一个将建筑行业与信息技术融为一体的一个新型行业，因为这些年来的快速发展收到了国际上的高度重视。简单来说：智能建筑就是说它所有的性能能够满足客户的多样的要求。客户想要的是一个安全系数高、舒服、具有环保意识、结构系统完备的一个整体性功能齐全，能够满足目前信息化时代人民快生活需要的一个建筑物。从我国智能建筑设计方面来定义智能建筑是说：建筑作为我们生活的一个必需品，是目前现代社会人民需要的必要环境，它的主要功能是为人民办公、通信等等提供一个具有服务态度高、管理能力强、自动化程度高、人民工作效率高心情舒服的一个智能的建筑场所。

由上面的相关分析可以得知，快速发展的智能建筑作为一项建筑工程来说，不仅仅是传统建筑的设计理念和构造了。它还需要信息科学技术的投入，主要的科学技术包括了计算机技术和网络计算，其中更重要的是符合智能建筑名称的自动化控制技术，通过设计人员的专业工作和严密的规划，对智能建筑的外部和内部结构设计、市场调查客户对建筑物的需要、建筑物的服务水平、建筑物施工完成后的管理等等这几个主要的方面。这几个方面之间有着直接或者间接的关系作为系统的组合，最终实现为客户供应一个安全指数高、服务能力强、环保意识高节能效果好、自动化程度高的环境。

二、应用智能化技术实现建筑节能化

在目前供人工作和生活的建筑中，造成能源消耗的主要有冬天的供暖设备和夏天的供冷消耗，还有一年四季在黑夜中提供光明的光照设施，其中消耗比较大的大型的家用电器和办公设备。比如说，电视机、洗衣机、电脑、打印机等等，另外在大型的建筑物中，最消耗能量的主要是一年都不能停运的电梯、排污等等。如果这些设备停运或者不能够工作，那么就会给人民的生活和工作带来非常不利的影响。由此可见，要想实现节能目标，就必须有效的控制和管理好上面相关设备的应用。正好随着建筑的智能化的到来，能够有效的减少能源的消耗，不但能使得建筑物中一些消耗能源高的设备达到高效率的运营，而且能实现节能化。

（一）合理设置室内环境参数达到节能效果

在夏天或者冬天，当人民从室外进入建筑物内部的时候，温度会有很大的落差。人民为了尽快保暖或者降温就会大幅度的调高或者调低室内的温度，因而造成了大量能源的消耗。因此，根据人民的这个建筑智能化系统就要做出反应，要根据人民的需求及时做出反应，根据室内室外的温度湿度等等进行调整最终实现节能的效果。

由于我国一些地方的季节变化明显，导致温度相差也很大，就拿北方来说，冬季阳光照射少，并且随常伴有大风等等，导致温度过低，也就有了北方特有的暖气的存在。因为室外温度特别低，从外面走了一趟回来就特别暖和，这时候人民就会调高室内的温度，增大供暖，长时间的大量供暖不仅仅造成了环境污染并且消耗了大量的能源。根据相关数据可得，如果在室内有供暖的存在，温度能够减少一度，那么我们的能源消耗就能降低百分之十到百分之十五。这样推算下来，一家人减少百分之十到百分之十五的能源消耗，一百户人家能减少的能源消耗会是一个大大的数字，其中还不包括了大量的工作建筑物；夏天也是有相同的问题存在，室内温度调的过低造成能源消耗量过大，可能我们人体对于一度的温度没有太大的感受程度，可是如果温度能升高一度，那么能源消耗就能减少百分之八到百分之十中间。由此推算，全国的建筑物加在一起，只要室内温度都升高一度，那么我们就能降低一个很大数字的能源消耗，因此，需要建筑智能化需要能够合理的设置室内环境参数已达到节能的作用。

除了我们普遍的居民住楼建筑和工作场所建筑之外，还有一些特殊的建筑物的存在。比如说：剧院、图书馆等等。要根据人流和国家的规定对室内温度进行严密的控制和管理，不能够过高也不能够过低，从而导致能源消耗量过大，切实起到节能的作用。

（二）限制风机盘管温度面板的设定范围

一些客户可能会因为自身对温度的感受能力原因在冬天过高的提高温度面板，在夏天里过低的降低温从而超出了标准限度。造成了能源的大量消耗，因此，为了达到节能，要对风机管的温度面板进行严格的限制，这时候就要运用到建筑的智能化应用了，采用自动化控制风机管温度面板，严格按照国家标准来执行。

（三）充分利用新风自然冷源

在信息快速发展的新时代里，要做到物用其尽，智能建筑要充分利用到自然资源来减少能源消耗，起到节能的目的。比如说可以充分利用新风自然冷源，不但可以降低我们的能源消耗，而且效率高，节能又环保。

在夏季的时候，早晨是比较凉快温度较低，并且新风量大，这个时候就可以关掉空调，打开室内的门窗，保持气流的换通。这样不但能够使室内保持新鲜的空气而且能减少空调的使用，给人民的生活带来舒适的同时又进行了节能，在傍晚的时分也可以进行相同的操作。另外在一些人流量比较大的建筑物内比如说商场、交通休息站等等地方，可能会因为人流量多，产生的的二氧化碳浓度较高，这时候为了减少能源消耗，可以打开排风机，利用风流进行空气交换，达到一举两得的效果。最后，在一些办公建筑中，人民为了得到更加舒适的室内环境，会提前打开空调让室友进行提前降温，在下班之后一段时间再关掉。据相关数据可得，因为这样的情况造成了全天 20%~30% 的能源消耗。因此，为了节能减少能源消耗，一些办公建筑内的空调设备的打开和关闭时间要进行严格的管理和控制。

伴随着社会的发展，智能建筑不但融入了大量科学技术的应用。并且更加重视节能方面的应用，尽量的减少能源消耗，起到环境保护的作用，增加我国资源储备，智能建筑的发展要增加可持续发展理念实现为。打造一个安全性数高，舒服、自动化能力强的环境。

第九节　智能化城市发展中智能建筑的建设与应用

随着社会经济的发展和科学技术的进步，城市的建设已经不再局限于传统意义上的建筑，而是根据人们的需求塑造多功能性、高效性、便捷性、环保性的具有可持续发展的智能化城市。在智能化城市的建设与发展过程中，智能建筑是其根本基础。智能建筑充分将现代科学技术与传统建筑相结合，其发展前景十分广阔。该文从我国智能建筑的概念出发，介绍了智能建筑的智能化系统以及智能建筑的发展方向。

在当今的信息化时代，智能化是城市发展的典型特征，智能建筑这种新型的建筑理念随之产生并得到应用。它不仅将先进的科学技术在建筑物上淋漓尽致地发挥出来，使人们的生活和工作环境更加安全舒适，生活和工作方式更加高效，也在一定程度上满足了现代建筑的发展理念，实现智能建筑的绿色环保以及可持续的发展理念。

智能建筑最早起源于美国，其次是日本，随之许多国家对智能建筑产生兴趣并进行高度关注。我国对智能建筑的应用最早是北京发展大厦，随后的天津今晚大厦，是国内智能建筑的典型，被称为中国化的准智能建筑。虽然我国对智能建筑的研究相对较晚，但也已经形成一套适应我国国情发展的智能建筑建设理论体系。

智能建筑是传统建筑与当代信息化技术相结合的产物。它是以建筑物为实体平台，采用系统集成的方法，对建筑的环境结构、应用系统、服务需求以及物业管理等多方面进行优化设计，使整个建筑的建设安全经济合理，更重要的是它可以为人们提供一个安全、舒适、高效、快捷的工作与生活环境。

一、智能建筑的智能化系统

智能建筑的智能化系统总体上被称为5A系统，主要包括设备自动化系统（BAS）、通信自动化系统（CAS）、办公自动化系统（OAS）、消防自动化系统（FAS）和安防自动化系统（SAS），这些系统又通过计算机技术、通信技术、控制技术以及4C技术进行一体化的系统集成，利用综合布线系统将以上的自动化管理系统相连接汇总到一个综合的管理平台上，形成智能建筑的综合管理系统。

（一）BAS系统

BAS系统实际上是一套综合监控系统，具有集中操作管理和分散控制的特点。建筑物内监控现场总会分布不同形式的设备设施，像空调、照明、电梯、给排水、变配电以及消防等，BAS 系统就是利用计算机系统的网络将各个子系统连接起来，实现对建筑设备的全面监控和管理，保证建筑物内的设备能够高效化的在最佳状态运行。像用电负荷不同，其供电设备的工作方式也不相同，一级负荷采用双电源供电，二级负荷采用双回路供电，三级负荷采用单回路供电，BAS 系统根据建筑内部用电情况进行综合分析。

（二）FAS 消防系统

FAS 系统主要由火灾探测器、报警器、灭火设施和通信装置组成。当有火灾发生的时候，通过检测现场的烟雾、气体和温度等特征量，并将其转化为电信号传递给火灾报警器发出声光报警，自动启动灭火系统，同时联动其他相关设备，进行紧急广播、事故照明、电梯、消防给水以及排烟系统等，实现了监测、报警、灭火的自动化。智能化建筑大部分为高层建筑，一旦发生火灾，其人员的疏散以及救灾工作十分困难，而且建筑内部的电气设备相对较多，大大增加了火灾发生的概率，这就要求对于智能建筑的火灾自动报警系统和消防系统的设计和功能需要十分严格和完善。在我国，根据相关部门规定，火灾报警与消防联动控制系统是独立运行的，以保证火灾救援工作的高效运行。

（三）SAS 安防系统

SAS 系统主要由入侵报警系统、电视监控系统、出入口控制系统、巡更系统和停车库管理系统组成，其根本目的是为了维护公共安全。SAS 系统的典型特点是必须 24 小时连续工作，以保证安防工作的时效性。一旦建筑物内发生危险，则立即报警采取相应的措施进行防范，以保障建筑物内的人身财产安全。

（四）CAS 通信系统

CAS 系统是用来传递和运载各种信息，它既需要保证建筑物内部语音、数据和图像等信息的传输，也需要与外部公共通信网络相连，以便为建筑物内部提供实时有效的外部信息。其主要包括电话通信系统、计算机网络系统、卫星通信系统、公共广播系统等。

（五）OAS 办公系统

OAS 办公系统是以计算机网络和数据库为技术支撑，提供形式多样的办公手段，形成人机信息系统，实现信息库资源共享与高效的业务处理。OAS 办公系统的典型应用就是物业管理系统。

三、智能建筑的发展方向

（一）以人为本

智能建筑的本质就是为了给人们提供一个舒适、安全、高效、便捷的生活和工作环境。因此，智能建筑的建设要以人为本。以人为本的建筑理念，从一定程度上是为了明确智能建筑的设计意义，明确其对象是以人为核心的。无论智能建筑的形式如何，也不管智能建筑的开发商是哪家，都需要遵循以人为本的建设理念，才会将智能建筑的本质意义最大程度地发挥出来。

日本东京的麻布地区有一座新型的现代化房屋，该建筑根据大自然对房屋进行人性设计，充分体现了以人为本的特性。建筑物内有一个半露天的庭院，庭院内的感应装置能够实时监测外界天气的温度、湿度、风力等情况，并将这些数据实时传送至综合管理系统进行分析，并发出指令控制房间门窗的开关以及空调的运行，使房间总是处于让人觉得舒服的状态。同时，如果住户在看电视的时候有电话打进来，电视的音量会自动被调小以方便人们先通电话且不受外界影响。计算机综合管理系统智慧房屋内各种意义互相配合，协调运转，为住户提供了一个非常舒适与安全的生活环境。

（二）绿色节能

智能建筑利用智能技术能够为人类提供更好的生活方式和工作环境，但人类的生存必然与建筑紧密相关，其建筑行业是整个社会产生能耗的重要原因。因此，我国提倡可持续发展的战略思想，而绿色节能的建筑理念正好与可持续发展理念相契合。智能建筑作为建筑行业新兴产业的领头军，更应该与低碳、节能、环保紧密结合，以促进行业的可持续发展。智能建筑在利用智能技术为人类创造安全舒适的建筑空间的同时，更重要的是要实现人、自然与建筑的和谐统一，利用智能技术来最大程度地实现建筑的节能减排，促使建筑的可持续发展，这样才能长久地服务于人类，实现真正意义上的绿色与节能。

北京奥运会馆水立方的建设，充分利用了独特的膜结构技术，利用自然光在封闭的场馆中进行照明，其时间可以达到 9.9 个小时，将自然光的利用发挥到极致，这样大大节省了电力资源。同时，水立方的屋顶达能够将雨水进行 100% 的收集，其收集的雨水量相当于 100 户居民一年的用水量，非常适用北京这种雨水量较少的北方城市。水立方的建设，充分体现了节能环保的绿色建筑理念，在满足人们工作需求的同时，也满足了人们对于绿色生活和节能的全新要求。

智能化城市的发展离不开智能建筑的建设。智能建筑的建设应该充分利用现代化高科技技术来丰富完善建筑物的结构功能，将建筑、设备与信息技术完美结合，形成具有强大使用功能的综合性的建筑体，最大程度地满足人们的生活需求和工作需求。但智能建筑可持续发展的前提是要满足时代发展的要求，这就要求智能建筑在保证建筑功能完善的同时也要响应绿色节能环保的社会要求，以实现建筑、人、自然长期协调的发展。

第七章　现代建筑工程造价的理论研究

第一节　现代建筑工程造价现状

随着我国经济实力的不断增长，我国的基础经济建设工作也逐渐拉开了帷幕，尤其是全国各城市的现代建筑工程的施工均逐步迈入了正规。现代建筑工程的施工质量和其中涉及的相关技术的发展受到了较为广泛的重视，现代建筑工程的造价管理工作也一直是相关专业人员探讨的热点。该研究将针对目前我国现代建筑工程造价管理工作的实际情况进行详细分析，结合相关专业文献全面总结其中存在的具体问题和有效的总结措施，为我国现代建筑工程造价管理工作的改革提供参考。

现代建筑工程的造价管理工作的实际质量从根本上决定了建筑工程施工的整体质量和具体施工方案的进展程度，也在一定程度上影响了实际施工单位的具体盈利情况。该研究将针对我国现代建筑工程的造价管理工作的现状进行详细分析，全面总结其中存在的问题和相应有效的改进措施，为我国现代建筑工程的造价管理工作的质量提供有力的保障。

一、现代建筑工程的造价管理工作的内涵和现状

（一）现代建筑工程的造价管理工作的内涵

现代建筑工程的造价管理工作顾名思义即为对现代建筑工程的整体工作以及不同阶段涉及的费用支出问题进行科学有效的管理。结合现代建筑工程的造价管理工作的具体内容，我们可以清楚地总结出现代建筑工程的造价管理工作对整个建筑工程的施工和实际质量的重要影响和意义，对整个工程的成本控制工作不仅从根本上决定了实际施工单位的盈利情况和整个建筑工程的实际施工质量，而且对建筑工程的施工方案的进展和工程后期施工质量的验收工作都有着极为重要、深远的影响。现代建筑工程的造价管理工作的内涵与其具体的工作内容有着较为紧密的联系，但是对于不同的人和不同的观察角度，现代建筑工程的造价管理工作的内涵也有一定细微的差别。现代建筑工程的造价管理工作主要是为投资人、施工单位服务的，所以在探讨现代建筑工程的造价管理工作的内涵时，也需要从投资人和施工单位两个截然不同的利益对象进行全面、详细地解释。对于投资人来说，现代建

筑工程的造价管理工作的目的是为了确保建筑工程施工时早期的投标、施工方案的选择、实际的施工建设和后期的施工验收等各个阶段的实际质量和相应的成本控制，确保资金投入的实际数目最合理化。对于实际的施工单位来说，现代建筑工程的造价管理工作的实际质量直接决定了施工方案的顺利进展程度和实际的盈利情况，所以实际的施工单位在进行现代建筑工程的造价管理工作时更侧重于对实际施工阶段涉及的机器设备、施工人员的技术水平、原材料的购置等的成本控制工作，从而有力保证自身的利益最大化。

（二）工程造价管理工作整体意识缺乏

从现代建筑工程的造价管理工作的具体内容和实际内涵中我们可以发现现代建筑工程的造价管理工作的实际质量与管理工作人员的重视程度以及造价管理措施的整体性有着极为紧密的联系，但是结合我国现代建筑工程的造价管理工作的实际情况，相应的管理部门采取现代建筑工程的造价管理工作措施的整体意识相对较为缺乏，多数造价管理措施局限于部分施工阶段，虽然在固定时期对现代建筑工程的成本实现了较为有效的控制，但是却在一定程度上不利于整个建筑工程的实际施工进展和整体的质量。工程造价管理措施缺乏整体意识的问题在我国各建筑工程的施工管理工作中均较为常见，结合实际的影响因素，造成这种问题的根本原因是由于我国建筑工程的造价管理工作实施计件法的时间较短和建筑工程的造价管理工作仍属于先建筑后结账的模式。随着我国经济实力的不断增长，我国现代建筑工程的造价管理工作量和工作难度也有了一定程度的提升，相关部门也及时就这个问题对现代建筑工程的造价管理工作采取了有效的改革，从之前整体包办模式转变成如今计件结算模式，有效提升了现代建筑工程的造价管理工作的效率，但由于计件结算的形式在我国实行时间有限，全国不同城市的市场供求变化和价格水平有较大出入，导致我国现代建筑工程的造价管理工作的相关措施的整体意识较为缺乏。先建筑后算账的工程造价管理工作形式也在一定程度上降低了对造价管理工作措施的整体性、合理性的要求，严重影响了我国现代建筑工程的造价管理工作的实际质量和工程带来的实际效益。

（三）建筑工程的造价缺乏规范的管理

现代建筑工程的造价工作缺乏规范的管理也是较为突出的问题之一，结合我国现代建筑工程的造价管理工作的实际情况，造成工程造价工作缺乏规范的管理的原因大抵可以分为两方面，一方面是由于我国工程造价管理的相关法律、制度还不健全，另一方面则是目前我国现代建筑工程的造价管理的咨询机构尚不健全。我国在近些年的经济发展中一直就现代建筑工程的造价管理工作的相关法律法规制度的完善努力着，但是由于技术和管理理念的不断更新和发展以及市场经济的复杂多变，我国现代建筑工程的造价管理的法律、法规仍存在一定的盲区，不能全面地解决出现的各种纠纷问题。人们对现代建筑工程的造价管理工作的重视程度相对增加，在一定程度上促进了工程造价咨询机构的产生和发展，但是由于相应的管理制度尚不完善和我国各城市的市场经济需求、实际价格等信息没有实现全面汇总，实际的工作人员的专业能力也存在一定的欠缺，严重影响了现代建筑工程的造价管理工作的实际质量。

二、改善现代建筑工程的造价管理的相关措施

（一）建立健全的管理制度，严格执行相关程序

为全面改善我国现代建筑工程的造价管理工作的现状和促进建筑工程造价管理的迅速发展，我们必须结合相应的实际问题采取有效的解决措施，从问题的根本原因入手切实遏制问题的发生。结合我国现代建筑工程的造价管理工作的实际情况和该研究的简单总结，建立健全的管理制度、严格执行相关程序是我国改善现代建筑工程的造价管理工作现状的极为重要的措施。建立健全的现代建筑工程的造价管理制度可从两方面入手，即进一步完善相应的法律、法规和加强对工程造价咨询机构的管理。目前我国现代建筑工程的造价管理发展较为缓慢、问题频发的根本原因就是相应的权益没有全面的法律制度保障，所以我们应该结合目前现代建筑工程的造价管理工作常出现的问题及时补充相应的法律法规，加强对工程造价咨询机构的管理，保证从业人员的实际素质。

（二）加强监管力度

加强对现代建筑工程的造价管理工作的监管力度也是提高我国现代建筑工程的造价管理工作的实际质量的重要措施。我国的现代建筑工程的造价管理工作虽然实现了整体包办到计件计算的改革，但计件法的工作经验较为欠缺，实际应用中也存在较多不足，先建筑再计算的工程造价模式也在一定程度上影响了现代建筑工程的造价管理工作的实际质量。所以，加强对工程造价管理工作的监督，既可以有效弥补先建筑再计算的模式应用中的不足，同时通过监督工作的反馈和总结也在一定程度上补充了计件法的工作经验，便于我国工程造价工作的更好开展。

该研究从现代建筑工程的造价管理工作的含义和具体内容入手，详细阐释了现代建筑工程的造价管理工作对现代建筑工程的施工进度和实际施工质量的重要影响。进一步认识和了解我国现代建筑工程的造价管理工作的现状的同时，我们也更清楚地总结出了我国现代建筑工程的造价管理工作中存在的具体问题，我们需要结合这些问题的根本原因采取有效的解决措施，改善我国现代建筑工程的造价管理工作的现状，为我国现代建筑工程的实际质量奠定坚实的基础。

第二节　降低现代建筑工程造价途径

按我国现行的建筑工程造价构成分析，占最大比例的是建筑安装工程费。而建筑安装工程费的多少取决于设计阶段，取决于设计时应用科学技术的含量。设计部门和设计人员要严格遵守“经济、适用、合理”的原则，精心设计，选择合理的设计方案，应用现代科技成果，是可以实现降低工程造价取得经济效果的目的。一般的民用建筑物由基础、墙体、柱、楼层及地层、楼梯、屋盖、门窗等基本构件组成。在设计中若能精心设计每一构件，在多个可行的方案中进行经济比较，使各个构件的造价降下来，则整个工程造价就会降下来。

一、建设项目工程造价控制的必要性

建设项目的造价控制贯穿于项目的全过程，即项目决策阶段、项目设计阶段、项目实施阶段和竣工阶段都关系到建设项目的造价控制。统计资料显示，在项目决策阶段及设计阶段，影响建设项目造价的可能性为30%-75%，而在实施阶段影响建设项目造价的可能性仅为5%-25%。显而易见，控制工程造价的关键就在于项目实施之前的项目决策和设计阶段，项目决策是决定因素，而设计则是关键因素。控制工程造价不仅仅是防止投资突破限额，更积极的意义是要促进建设单位，施工单位，设计单位加强管理，使人力、物力、财力有限的资源得到充分的利用，取得最佳的经济效益和社会效益。因此做好工程造价的控制工作，对保证和加速经济发展具有一定意义。

二、降低建设项目工程造价的有效途径

（一）地基处理方案的选择

目前，建筑物逐步走向多层、高层、甚至超高层。对地基的要求越来越高，天然地基已无法满足工程需要，地基处理方案也越来越多。就桩基而言就有好多种，如现浇钢筋砼灌注桩、预制钢筋砼桩、双灰桩、碎石桩、高压喷射水泥桩、粉喷水泥桩、粉喷石灰桩等。事实上，各方案造价有较大差距，选择经济好的方案能大大降低造价。

（二）钢筋种类的选择

在满足结构设计的前提下，选择造价低的钢筋方案，可以达到降低工程造价的目的。如在一些大跨度无梁板设计中，过去常采用 ϕ10-ϕ12 Ⅰ级钢筋，若采用 ϕ12 Ⅱ级钢筋，可减少30%的钢筋用量。冷轧带肋钢筋是以普通低碳钢或低合金钢热扎园盘条为母材，经冷轧减径后在其表面冷轧成具有三面或二面月牙形横肋的钢筋。在现浇板中大多数用

φ6-φ12 热轧Ⅰ级钢，强度值 210Mpa。若用冷轧带肋 550 级代替，其强度值 340Mpa。用等强代换计算，可节省用钢量（1-210÷340）×100%=38%。且它们与砼的粘结强度相当于光面钢筋的三倍以上。冷轧扭钢筋，是将低碳钢热轧园盘条经专用钢筋冷轧扭机调直，冷轧并冷扭一次成型，具有规定截面形状和节距的连续螺旋状钢筋。由于其截面形式的变化，使其强度提高近一倍，连续螺旋状与砼的握裹力提高近 80%。不仅节约钢筋用量 35%左右，且提高钢筋与砼的协调工作能力。

（三）框架结构的非承后墙体种类选择

在目前高层建筑中非承重墙对工程造价有着较大的影响。传统的做法是粘土空心砖，自重大，保温性能也差。现在有许多轻质、隔音、隔热且价格较经济的新型建材可供选用。如加气砼、砼空心砌块、水泥玻璃纤维板、石膏条板、膨胀珍珠岩空心条板等。

（四）控制层高

在满足建筑功能的前提下，适当降低层高，会使工程造价降低。有资料表明：层高每下降 10 厘米，工程造价降低 1% 左右，墙体材料可节约 10% 左右。

（五）楼梯选型

在一些工程中，我们经常看到 3 米乃至 4 米宽的楼梯仍有用板式的。实际上，当楼板长大于 3 米时，就应该设计成梁式楼梯。

（六）采用“隔震”技术

“隔震”在多层中可采用，其主导思想是将建筑物的基础与主体之间用一种特殊的橡胶垫即所谓的“隔震垫”隔开，使基础和主体之间的刚性连接变成柔性联结。这样一旦发生地震，可大大减轻地震力对上部主体结构的影响。因此，整个结构受力构件的配筋及截面尺寸都可以减小，从而降低工程造价。

（七）各专业设计协调配合

在实际中经常发生凿洞拆墙现象，造成人力财力的浪费。各专业应相互配合，及时协调各有关问题，把隐患消灭在设计中。

（八）设计阶段工程造价管理

只要加强设计阶段管理，选用节约方案可以达到经济适用的目的。设计阶段的投资控制是建设全过程的控制重点。在进入施工图设计阶段，原则上应按照初步设计标准进行，提高标准增加费用，就使费用提高几倍。在此，设计概算不能正常发挥控制工程造价的作用。分析了上述情况，控制建设市场“三超”的几点措施：必须加强对设计变更的控制监督，堵塞由于不合理的修改变更而提高工程造价；设计人员应深入施工现场，同经济人员一同跟踪对设计的具体施工，当发现设计与实际有差别，材料可以代用时，要及时征得监理人员同意进行更改，并由经济人员检查实际费用的增减，控制在投资范围内；建全专业设计人员经济责任制，实行节约提奖的政策。按照投资概算、预算和结算的不同阶段，将投资按专业分配，控制落实专业经济责任制，使设计过程中的每一环节都在监理控制之中，并应在多层次方位对方案比较，对不负责任的突破阶段造成浪费的要追究经济以至法律责任；建筑业成为国民经济的主要支柱产业及国际通行的惯例相适应，应发挥工程监理单位的作用，实行对建筑预算人员在设计全过程中的作用，使经济人员能参预工程建设的全过程，密切同专业人员的协调配合，跟踪监督管理。

我国已加入 WTO，正有逐步尝试实施国际通行的做法，有的地方开始工程量清单报价的试点工作，我们进入国际市场时不会手足无措。应加快工程造价领域的立法，使工程造价行业管理纳入法制化，规范化的轨道，避免“入世”后带来的冲击，这就要求我们深入学习和深刻理解 WTO 具体规则和条文，认真研究 WTO 成员国主要的对手态势，树立国际化意识以适应加入 WTO 后引发的新形势、新变化、新问题和新要求。

第三节　建筑工程造价失控分析

在我国现代化建设进程不断深入的现阶段，建筑工程领域也随之实现了较大程度的发展，对于建筑工程的建设投资而言，其控制工作中受到不同因素的影响也越来越大，一些企业为了追求经济利益的最大化，忽视了建筑工程的造价原则，导致建筑工程造价失控。为此，本节首先对建筑工程造价失控的原因进行了简要的分析，之后有针对性提出了相关的解决对策，旨在为相关工作提供经验借鉴。

随着我国国民经济水平的不断提高，建筑工程领域也实现了迅猛的发展，人们在关注工程施工建设质量的同时，其工程造价的问题也日渐突出。由于受到多种因素的影响，出现了建筑工程造价不断升高，但投资效果日渐下降的现象，最为显著的就是受到人为因素的影响越来越大，导致了建筑工程造价失控的局面，对于整个建筑工程领域的健康发展起到了不利的影响。因此，要对建筑工程的造价控制工作予以高度的重视。

一、建筑工程造价失控原因分析

（一）主观原因

1.工程造价管理体制的不完善

从建筑工程造价管理工作的现状来看，其所使用的仍然是传统的计划手段，先由建设单位的计划部门对项目的投资估算予以确定，然后由建设单位的工程管理部门按此投资去实施，使得造价的确定和实施阶段的造价控制工作之间严重脱节，且不同部门的职责没有实现进一步的明确，导致最后造价出现“三超”问题。

2.全过程综合管理意识的缺乏

以往所采用的建筑工程造价管理模式都是阶段性的，通常都是以设计的预算为核心，缺乏全过程综合管理意识。例如监理单位指示对施工阶段的质量和进度进行管理，不重视对投资决策的分析；设计单位缺少对设计方案造价指标的控制约束，片面的追求技术先进；施工单位则不能在规定的工期之内完工，这些都使得工程造价一高再高。

（二）客观原因

1.招投标不规范

招投标不规范是导致建筑工程造价失控的主要原因之一。一些有权人员通过不合理的竞争和不公正的手段进行交易，使得承包商根据不具有施工的能力，且人员、机械等配备不及时到位，使得工期无限的延长，导致造价增加。

2.设计阶段的失控

对于建筑工程的施工图纸而言，其是由设计单位以工程实际需要为根据而设计出来的，严禁对其进行随意的改动。但是，一些施工企业为了实现经济效益的获取，对于施工图纸随意修改，提高材料单价和改变施工方法等，使得工程项目造价不断提高。

在招标方面，主要表现为不考虑设计的方案是不是有助于对施工成本的友好控制和后期施工的方便，只管完成自己的设计方案，这样往往加大了后期工程的难度，也提高了工程的费用。同时，一些单位不进行深入调查，在初步设计时，施工单位缺少对建筑场地环境、气候、地质等因素的充分考虑，从而导致了不精确的工程造价预算。

工程施工的费用直接受施工阶段初始设计好坏的影响。因为，在施工阶段，有些企业没有做好初始设计，导致在正式的施工过程中管理失控，严重时得进行多次的重新施工。这样就一再地拖延了工程工期进度，而且造成施工费用的上升。

3.现场签证管理混乱

现场签证的管理混乱主要体现在监理工程师的业务素质水平较低，对于与合同、预算等相关的规定没有掌握，对不应签证的项目盲目签证，甚至是由承包商对签证单予以填写，使得其中普遍存在着以少报多、高估冒算、化整为零等问题，直接导致了建筑工程造价的失控。

二、建筑工程造价失控解决对策

（一）决策阶段的造价管控

建筑工程造价管控的首要环节就体现在决策阶段当中，决策工作的失误会使得投资项目的整体出现失衡的问题。因此，要想有效的避免建筑工程造价失控，需要将管控的重点尽可能的转移到前期阶段当中，对决策阶段的投资估算工作予以高度的重视，对于可行性研究报告当中的投资控制数的准确度要不断的提高，充分的发挥出其在总造价管控工作中的巨大作用。作为建筑工程项目的管理人员，应该积极的加入到决策前的准备工作当中，对相关的资料实现仔细的分析研究，并结合市场或工程的特殊需求以及发展前景，对工程规模和建设标准实现合理的确定，进而保证投资的合理性。

（二）设计阶段的造价管控

要想避免建筑工程出现造价失控的局面，还应该对设计阶段的造价管控工作予以高度的重视。一方面，设计人员在对工程项目进行设计时要确保方案的科学性、实用性和合理性，把设计变更减少到最小，从而最大程度的节省投资；另一方面，若出现了因设计问题而使得工期延误，对于超出投资限额和其他的损失，应该由设计单位和设计人员按合同中所规定的内容承担经济责任，从而有效的解决设计“负盈不负亏”的问题，使得设计单位和设计人员的责任感实现较大程度的提高。另外，还应该对设计变更签证审批程序予以严格。对于一般性的变更，需要由甲方现场代表起草，并交由施工负责人和工程指挥部的领导对其进行审批。

（三）招投标阶段的造价管控

为了保证招投标工作的公平合理，提高建筑工程造价的合理性，需要真正的认识到招投标工作的重要性，不断的提高招投标工作的透明度，充分体现市场良性竞争机制，尽可能的将具有雄厚技术力量、较高的素质和质量意识较强以及经验丰富的施工单位招标进来。除此之外，对于预算编标，需要注意以下几点：①编标人员要持证上岗，对于不同人员的分工应实现进一步的明确。②严格坚持评标制度和评标程序。③在对标底进行审查的时候，应对工程量、分项工程内容、费费率等内容实现重点的审查，从而保证工程造价的合理。

（四）施工阶段的造价管控

在施工阶段的工程造价，要在技术环节和组织环节上对工程造价成本进行控制。详细说明，在技术环节：①要进行技术的对比来完成合适的技术方案的选择，做好工程作业次序的维护工作；②技术的变更工作要做好，保证能及时并合理地完成技术的变更；③技术的验收工作要做好，保证后期员工的作业流程能得到验收的指导。在组织环节，要明确划分工程的责任，合理科学地完成资金的核算，对人员的安排要经济适当。

（五）竣工结算阶段的造价管控

竣工阶段的造价管控是对建筑工程造价进行控制的最后一个环节，建设单位应该强化自身的造价管理意识，对造价管理制度予以完善，对管理方法实现改进，从而使得工程建设投资实现最佳的经济性、效率性、效果性。审计人员应该坚持秉公办事的工作原则，能够深入到施工现场当中，对工程变更内容的具体做法、工程量的增减等相关资料实现全面的了解和把握；对于审计制度要予以完善，对于其中的办法和程序等要予以明确，确保决算的真实性和严肃性，从而为建筑工程的造价提供准确可靠的审计依据。

综上所述，建筑工程领域在我国国民经济中占据着十分重要的地位，与人们的生活水平和生活质量之间具有十分紧密的联系。对于建筑工程领域而言，由于受到招投标“暗箱操作”、工程计量与实际不符、造价人员素质低等因素的影响，使得建筑工程造价出现了失控的现象，为了推进建筑工程领域的可持续发展，需要对工程项目的决策、投（招）标、施工设计、施工阶段、竣工结算审核等环节中的造价管控问题予以高度的重视，坚持“全过程、全方位、动态化”的工程造价管理原则，采取科学有效的解决对策来推进我国建筑工程造价管理工作的高效发展。

第四节　建筑工程施工造价控制方法

现代的科学技术飞速发展，工程设施的变革也越来越迅速，加强建筑工程施工造价控制虽然只是建筑工程施工的一部分工作，但是资金链是一个贯穿整个工程建设的全部工作。有效的建筑工程施工造价控制可以改善工程设施的滞后和利润低下的问题。因此，建筑工程施工造价控制对于整个建筑工程建设都有着非常重大的经济意义。

从新中国成立以来，中国的经济也开始慢慢的恢复，中国也不再闭关锁国，经济也开始对外国主动开放，我国财政部的工作也逐渐走上正轨，越来越多的企业开始逐渐做大做强，尤其是房地产企业的发展尤为迅猛。楼盘的新建、园林的设计、道路的铺设、开发区的建设都离不开工程建设。在工程建设中基础设施的工程建设会投入大量的资金，那么就涉及建筑工程施工造价高低和控制。有效的控制建筑工程是个造价能够节约大量的资金，那么对建筑工程施工造价控制方法探究就变得十分必要。

一、影响建筑工程造价的主要因素

（一）可行性研究报告

建筑工程施工造价控制的可行性研究报告，是施工前期所做的工作，但是可行性报告对所有的设施，工作，决策，设计和施工的各个阶段都进行着控制和分析，涉及整个建筑工程之中，所以一定要做好前期的造价的预算，只有预算可行，每个阶段的细节都涉及了才可以，因为每一步的施工都涉及资金，全部都影响着工程造价。每个方案的设计都要考虑到资金，研究方案直至可行，对每一项资金的投入都要进行说明，尽可能的控制工程造价。

（二）前期工程设计

科学的进行前期设计尽可以尽可能的减少资金的浪费，尽可能的提高资金的利用率。

设备的台数，人工的人数，施工的顺序和程度都是建筑工程造价的主要影响因素。设计师的设计必须符合实际的需求和施工的科学性和合理性。前期的设计可以大体上了解工程的构成和未来的规划，那么就要最大限度地分配资金，满足项目的需求。这是一种事前控制，在具体实施的过程中不断地进行修正和调整，不断地完善建筑工程造价。

（三）有效的监管机构

建筑工程造价的很大一部分都在于投标的阶段，这就涉及建筑市场的监管机构，如果监管力度不大，那么就会出现标底泄露，或是内部确定的现象。那就会造成低质量的设施工程，这种结果的出现完全都是监管机构的失职。因此，严格的监管机构是影响建筑工程造价的另一个主要因素。监管机构的监督作用一定要发挥出来，从资金的来源，流动，到流出，每一笔业务又需要严格的内部控制进行审核。否则就会造成部分工作人员借用职位的方便，进行一些不利于工程的事情，最终导致成本的虚增，资金的低效应用。

二、对建筑工程施工造价的控制

（一）投标阶段的工程造价控制

投标阶段是建筑工程的前期最重要的工作，投标的作用就是可以控制施工的工程造价，不过这是在保证质量的前提下，尽可能的减少不必要的浪费，确定合理的利润，最大限度地降低工程预算，合理的良好的利用投标是十分有效的控制工程造价的手段。进行报价的对比，验证设计和报价的科学性和合理性，对其中的问题也可以进行修正和建议。

（二）施工阶段的工程造价控制

施工阶段那么就死建筑工程的施工造价的关键阶段，因为他是资金流出的最重要的阶段，在施工阶段一定要严格控制每一项资金的流动和使用，对于前期设计中和显示施工出现偏差的现象一定要及时的更改和修正。选择有能力，工作效率高效的管理人员，既可以提高施工工作人员的工作积极性，也可以更好的确保施工的高质量，高效率的工作也可以更好的控制成本，保证建设工程的施工造价。加强建筑工程施工造价的控制可以对材料的购买、使用，工作流程的进度，出入库，人工成本、验收费用等多项工作的及时控制和管理，时刻监督建设单位的资金流向，可以确保工程的进度和质量。而且资金的财务成本的降低的前提是要保证建筑工程施工的质量。在施工过程中在保证质量的前提之下，尽可能的不要超过前期的预算，对于更改和变动的是想一定要慎重考虑，仔细估算更改过后的施工造价。

（三）竣工阶段的工程造价控制

竣工阶段是建筑工程施工的最后一个阶段，也是建筑工程施工造价控制的一个关键阶段。这个阶段是工程造价结算的合理依据，按照资金的流动和工程的使用编制相应的清单，确保真实性。在最终的结算审查中，一般都会和结算借款有所偏差和浮动，这部分对于建筑工程施工造价的降低有着十分重要的作用。对于相应的施工要求和标准，各个级别的工作人员都按照标准做事，那么就可以更有利于建筑工程施工的工作，增强工程内部控制管理，强化监督工作。建立责任机制，强化职责和权利，那么就会最大限度的减少工作中的失误，规范经济活动，降低成本，增加资金的使用效率。后期对于之前所有的建筑工程进行总体的评价，并总结出所有的影响因素和相应的经验教训，以便于在之后的建筑工程施工造价的控制方面进行注意和改正。

目前，建筑设施工程施工造价的控制是建筑设施工程施工的最主要的工作，也是现在和未来的发展方向，有效的对工程施工造价进行控制和管理。重点把握施工造价的重要阶段，总结优秀的经验和施工建设的过程中失误和成功的地方，在以后的施工建设中避免过去的失误，发挥成功的经验，长此以往就会对建筑设施工程施工造价有着更加行之有效的控制。有效的和合理的监督机构，和我国的优惠政策的下达，都是有利于对建筑设施工程施工造价的控制。建筑行业的市场还是十分庞大的，向其中投入的资金的数额也是十分巨大的，如果不进行有效的施工造价控制和合理的监督，这对社会和人民都是一种不负责任的行为，所以为了更好的回馈社会，更大程度的承担起社会责任，那么就按照市场的发展规律最大限度的降低预算的偏差，科学的对建筑设施工程施工造价进行控制。

第五节　建筑工程造价超预算原因

现代化的工程造价工作开展，必须对一些典型的问题和不足，开展妥善的解决，继续按照固定的思路和方法来完成，不仅无法得到突出的成绩，还会造成非常恶劣的影响。从客观的角度来分析，建筑工程造价超预算，已经成为普遍的现象，而且在原因方面表现出多元化的特点，我们必须在建筑工程造价超预算的解决过程中，执行针对性的措施和方法，从而在未来工作的安排上，提供较多的支持与肯定。文章针对建筑工程造价超预算原因及解决措施展开讨论，并提出合理化建议。

现如今的建筑工程造价超预算，与既往表现出很大的不同，很多超预算问题在之前的规划中并没有出现，但是在中后期的把控力度上逐步减弱，再加上动态因素的影响，直接促使建筑工程造价超预算的问题持续性的加重，而且在问题的综合规划、解决上，并没有办法得到理想的成绩。为此，我们对于建筑工程造价超预算的操作，必须保持高度的谨慎，而且在多项工作的安排上，给出足够的依据。

一、建筑工程造价超预算原因

（一）人工和材料预算分析不足

从客观的角度来分析，建筑工程造价超预算的发生，对于很多地方的工程建设，都会造成非常恶劣的影响。从原因上开展调查后，发现人工材料预算分析不足，是比较主要的原因。第一，人工团队的组建过程中，在预算方面占有很大的比例。例如，近几年的劳动工人聘用，在薪资上不断上涨，而且由于农民工讨薪案例不断增加，国家出台的硬性规范和条文也不断提升，如果工程建设没有提前对工人的薪资充分准备，或者是在发放的过程中出现不及时现象，势必会造成大范围的罢工和相关部门审查，再加上媒体发酵的影响，对于建筑工程造价超预算而言，几乎是必然发生的情况。第二，材料的预算工作开展，部分工程并没有对市场开展深入的调研，在材料的性价比方面，缺少综合性的把控和处理，很大程度上继续按照固定的思路和方法来操作，这就直接促使材料的预算不断增加，而且在自身的经济损失上持续性的加重。

（二）动态因素控制不足

就建筑工程造价超预算本身而言，其并不是偶然发生的问题，而是长久积累的必然结果，想要在未来的工作应对上取得更好的成绩，必须在动态因素控制上，表现出高度的关注。结合以往的工作经验和当下的工作标准，认为动态因素控制不足，主要是表现在以下几个方面：第一，建筑工程造价超预算的落实，针对各类特殊情况的影响，没有提前做出预估和分析。例如，南方区域在工程建设上，夏季容易出现城市内涝、大风极端天气、洪灾的影响，没有提前投入防护措施的情况下，工程的损毁现象十分严重，而且缺少保险企业的合作，这就导致建筑工程造价超预算，不断的增加，而且难以在短期内做出妥善的弥补。第二，安全事故的发生，同样会造成建筑工程造价超预算。例如，部分工程在现场的安全措施投入较少，利用极端的方式来节省成本，这就导致安全事故发生概率不断增加，在赔偿以及相关的重建工作上，要投入更多的预算。

二、建筑工程造价超预算的解决措施

（一）加强人工和材料预算力度

新时代来临以后，建筑工程造价超预算的解决，不可能继续按照固定的思路、方法来开展，必须在自身的可靠性、可行性方面更好的巩固，坚持减少超预算的问题，而且对于建筑工程造价超预算的内部原因，必须做出良好的把控，这样才能在后续工作的实践上，通过正确的思路和方法来解决。例如，合理运用人力资源，无论对于工程使用效益的提升，还是建筑工程造价的减少都具有重要的作用。为了能够更好地运用人力资源，工程施工企业可以和施工人员签订合同，利用合同来控制施工人员的行为，运用奖惩分明的方式来调动员工的工作积极性，浪费材料行为必须进行惩罚，从而使工程施工的质量得以保证。工程施工企业采购材料时，应该比较多家的材料，选择价格既合理又实惠的供应商，长期签订合约，材料的造价预算就会有一个标准的成本，从而使建筑工程施工能够顺利地进行。

（二）加强防护体系

就建筑工程造价超预算本身来讲，因为外部事故和各类灾害所造成的预算超出问题，已经屡见不鲜，而且在行业内成为了普遍的问题。为此，我们必须在防护体系上不断的加强，这样可以促使系列工作的开展，从正确的路线来操作。第一，建筑工程造价超预算的解决过程中，一定要对工程的各类安全因素，做出良好的识别和判定，尤其是对区域性的工作部署和防护体系的创建，都要结合硬性规范来完成，减少外部的冲击影响，最大限度的确保建筑工程造价超预算，能够在根源上取得良好的杜绝效果。第二，工程的防护工作开展，还要与政府、保险企业、合作伙伴等，保持密切的联系，这样在建筑工程造价超预算的解决过程中，能够按照较多的途径来科学的应对，不会在单一措施上造成较大的压力。

（三）加强市场调研

从长远的角度来分析，建筑工程造价超预算的解决工作开展，除了要在上述几个方面投入较多的努力，还要在市场调研的力度上大幅度提升，这是比较容易忽略的部分。第一，建筑工程造价超预算的解决，市场上的各类信息，以及国家的调控手段，包括区域性的优惠政策等，都要在此开展良好的掌握，这样开展工作的好处在于，能够确保建筑工程造价超预算的解决，从正确的路线来出发，减少了极端措施所造成的恶劣影响，在特殊问题的规避、解决上，不会产生新的挑战。第二，建筑工程造价超预算的市场调研，还要对不同类型的案例，以及媒体的相关报道，进行高度的关注，坚持与自身的工程建设，保持良好的对比，从而寻找到更加科学的降低手段，在技术性的措施上不断加强。

我国在建筑工程造价超预算方面，一直保持高度的关注，各项工作的开展，必须采用灵活的措施来完成，固定的思路和模式，并不能取得优秀的成绩，还会造成新的漏洞。未来，应继续在建筑工程造价超预算的把控措施上，进一步的增加，促使整体上的发展空间，能够得到大幅度的提升。

第六节　装配式建筑与传统现浇建筑造价

20 世纪以来，人口出现了猛烈增长的趋势，在这种趋势之下，促进了房屋建造业的不断发展。在工业技术水平提高的前提之下，建造房屋也开始向机械化生产靠近。装配式建筑应运而生，他与传统的现浇建筑相比，更加符合现代化快节奏的要求，受到了越来越多的国家的青睐。本节主要介绍的就是装配式建筑，并且将这个建筑和传统的现浇建筑进行造价的对比。

现代的生活中，科技极大程度地提高了社会生产力，使得很多人从繁重的工作中走了出来。在节约了大量的人力资源以后，也促进了新一轮的技术的革新。每天都有新的事物出现，旧的事物消亡。传统的建筑行业也涌现了许多新的技术，装配式建筑以自己独到的魅力抢占了传统现浇建筑的疆土。

一、装配式建筑的概念和种类

（一）装配式建筑的概念

提到装配式建筑，就不得不提到一个很重要的概念——机械化大规模生产。装配式建筑就是将房屋作为一个商品，在流水作业线上完成零件的加工，批量的生产，最后将这些零件运到工地上组装起来。在这个过程中，房子变成了一个简单的机械或者是机器，可以大规模地生产，而且可以很好地控制产品的规格。

在西方较为发达的国家，装配式建筑开始了第一次试水。随着试水的成功，人们发现它极大地降低了房屋建造的成本，缩短了建造的工期，因此迅速被世界上的其他国家所接受。

前期的装配式建筑主要的考虑实用性和居住型，能够大量地机械化生产是它们主要的目的，但是在后期随着技术的成熟，人们开始对房屋的美观性和舒适度提出要求。人们开始设计不同风格的装配式建筑，这些建筑可以满足不同人的不同审美需求。美国是较早使用装配式建筑的国家，有一个比较先进而且有特色的装配式建筑——活动住宅。每个住宅的单元格既可以相互独立，又可以连接在一起。

（二）装配式建筑的种类

1.砌块建筑

这种装配式建筑主要是利用块状材料砌成墙体的装配式建筑，主要适用于低层的建筑。这种建筑十分的小巧灵活，而且根据自己的层数需求，可以加入一些别的物质来提高砌块的强度。这种建筑有大，中，小三个类型。每种类型对应不同的特性和建造方法，可以最大程度上满足业主的需求。砌块有实心和空心两类，实心的较多采用轻质材料制成。

2.板材建筑

由预制的大型内外墙板、楼板和屋面板等板材装配而成，又称大板建筑。这种装配式建筑目前是建筑市场的主力。板材由于自身的特性，可以达到稳定，减重，抗震等多种目的。板材建筑的内墙板也和砌块一样分为两种，一种是实心，一种是空心的。墙板使用的主要材料是混凝土，混凝土涂抹在内外墙板外能够有效地促进内外墙板的保温效果。外墙板的保温效果一般比内墙板好，但是外墙板耗材较多，比较厚重，内墙板比较轻薄。出于节能的目的，一般情况下会减小外墙板的使用面积。

3.盒式建筑

从板材建筑的基础上发展起来的一种装配式建筑。但是相比于板材建筑，它的内容更加丰富，细节方面做得更好。在使用的过程中更加简单。

虽然盒式建筑在建筑的完成度上很高，而且使用较为简单，但是由于体积较为庞大，所以运输不便而且造价较高。

4.骨架板材建筑

由预制的骨架和板材组成。其承重结构一般有两种形式：一种是由柱、梁组成承重框架，再搁置楼板和非承重的内外墙板的框架结构体系；另一种是柱子和楼板组成承重的板柱结构体系，内外墙板是非承重的。骨架板材主要运用的是一些基础的力学原理，使得整个结构更加精致，有利于这个建筑的稳定，主要适用于高层的建设。工程建筑的重点就是整个建筑的连接部分。房屋中的每个部分的拼接，柱与基础、柱与梁、梁与梁、梁与板等的节点连接，都需要数据的支撑和选择。

5.升板和升层建筑

升板和升层建筑属于板柱结构体系的一种，但施工方法有别于其他的板柱结构体系。这种建筑是在底层混凝土地面上重复浇筑各层楼板和屋面板，竖立预制钢筋混凝土柱子，以柱为导杆，用放在柱子上的油压千斤顶把楼板和屋面板提升到设计高度，加以固定。外墙的材质选择根据墙板的具体要求来决定。

二、装配式建筑工程与现浇建筑工程成本指标分析对比

本节以 A 小区为例，来对整个建筑工程的整体进行说明。

（一）土建工程成本数据的对比分析

装配整体式建筑工程采用预制装配式柱、剪力墙及楼板底模，减少了现场混凝土浇筑量、砌筑量和部分抹灰。在措施费及塔吊基础等分项工程及其他等方面投入的成本明显减少，抹灰费用有较少降低，而 PC 构件及安装的成本大大增加，从而使得在土建工程的平米造价增加近 750 元。

（二）装饰工程成本数据的对比分析

装配整体式建筑装饰工程成本由抹灰工程、楼地面工程和油漆、涂料工程、门窗工程组成，因装配整体式建筑构件已包含部分抹灰，导致抹灰量减少，已计入土建工程，故装饰工程不再计算。

（三）电气工程成本数据的对比分析

装配式建筑工程的电气单方造价为 81.77 元 /m^2，而现浇建筑工程的电气单方造价为 73.03 元 /m^2。从数据上来看，前者单方造价高于后者的原因在于装配整体式建筑工程管线及配电箱数量增加，导致成本增高。

（四）采暖工程成本数据的对比分析

装配式建筑工程的采暖工程成本较现浇要低 13.51 元 /m^2。其中塑料给水管占总造价比例由现浇建筑工程的 1.35% 降至装配式建筑工程的 0.64%，在采暖工程中降幅最大。

（五）给排水工程成本数据的对比分析

装配整体式建筑工程的给水管、管件和焊接钢管的成本较现浇要略高，其它三项要低，经过计算装配整体式给排水工程的平方米造价要比现浇低 15.72 元。

三、装配式建筑工程成本较高的原因分析

从以上的实验的对比来看，影响装配式建筑工程的成本的因素是非常多的，装饰工程，电气工程成本，采暖工程成本，排水工程成本都会对建筑工程的造价产生影响。由于有关税费，生产规模等多方面因素的影响。装配式建筑工程成本会高于传统现浇建筑。但是，装配式建筑工程也有许多传统现浇建筑所没有的优势。

21 世纪以来，中国走上了一条飞速发展的道路，在发展的道路上虽然有些困难，但是我们都一一克服了。在建筑工程行业，虽然现在装配式建筑的造价还超出于现浇建筑，但是随着科技的发展，相关政策法律的改变，我相信，在不久的将来，装配式建筑一定能变得越来越好，使我们的房屋建造的选择更加好。

第七节　建筑节能与工程造价

随着经济快速发展，建筑行业也得到了很好提高，人们越来越意识到绿色节能建筑技术重要性，在建筑工程管理中开始融入节能技术，希望为建造一个经济，和谐的生活环境做出努力。在建筑工程中，要重点做好研究现代化绿色节能建筑工程造价管理分析，在节能建筑要求下持续发展。本节重在对绿色施工中工程造价管理原则和措施进行分析。

随着我国社会经济体系的不断完善，人们的节能环保意识不断提高，不仅仅是追求经济的发展，同时对于建筑管理有了更高的要求。结合绿色环保的施工规范要求能够推动节能环保环境的形成，进而达到与大自然和谐相处的目的。所以在开展建筑工程造价管理时一定要从项目的决策环节、设计环节以及施工环节深入贯彻绿色节能理念，充分发挥绿色环保的作用，使得工程的造价管理工作适应绿色、和谐、可持续的城市发展需求。

一、节能理念与造价管理结合的意义

节能环保的最终目的是为了降低能源损耗，推动建筑行业发展。我国的建筑行业迎来了更大的发展机遇和挑战。节能环保技术的普及与应用可以为具体施工提供更好的选择，在保证其质量的前提下更好的提高其功能性。而造价管理的工作要以节能环保为理念，这也是面对我国基本国情的必要决定。造价管理的有效开展能够使得节能环保技术在具体施工过程中更加充分的发挥其作用，降低施工所造成的能源损耗，从而间接的实现了对环境的保护作用。

二、我国绿色建筑工程技术现状分析

绿色建筑理念在近几年中获得推广和探讨，主要是发达国家获得广泛支持，工程设计人员开展设计中充分结合了先进绿色技术，但是，针对我国现有国情，想要在不影响基础经济建设前提下，不破坏环境，在建筑工程同时做好对环境保护，就需要建筑单位在开展工程中引入绿色节能技术，将国外先进技术理念和方法与我国现有资源整合，严格做好工程造价管理，从不同阶段做好节能控制。

（一）建筑行业健康发展必经之路

绿色建筑这一理念一经提出就获得了世界广泛关注和支持，说明人类已经开始关注建筑行业绿色生态发展，这也是现代化建筑行业健康发展必经之路。我国当前社会经济强调生态建设，文明发展，在此背景下，大力提倡绿色节能建筑技术也是时代发展趋势，可以在世界先进理念下保障建筑质量前提下，做技术性尝试，目前来看建筑物自身节能环节具有重要可操作性。另外，高科技发展衬托下，绿色建筑技术也在不断发展，单位工程在使用新材料进行施工中可以不断引进先进技术，从而提高资源利用率和施工效率，实现技术和绿色建筑的完美融合。

（二）绿色建筑技术更加社会性

现代化绿色建筑技术更加注重社会性，工程单位在进行工程设计时不仅关注建筑物质量，也对建筑，人，社会之间关系越来越重视，在实际建筑过程中将社区文化融入到建筑设计中，始终坚持建筑为人民服务准则，不断完善建筑物建筑风格和生态化发展，从而实现为居住者服务的宗旨。虽然我国目前建筑技术发展相对缓慢，但是设计师仍努力探索，开始重点关注绿色节能技术领域，突破技术壁垒，坚持现代化生态发展。

（三）投资回报率不容乐观

绿色建筑工程本应受到国家关注，大力扶持，但是我国目前实际情况是可用于建筑过程改造节能的资金储备不足，工程预算比较紧张，不利于工程成本投入，而且资金条不稳定，一旦出现资金链断裂，就会造成工程停滞不前，这就会工程进度造成很大影响。因而，目前我国资金不足，财政贴补也有限，这就会绿色节能工程造成一定障碍。

三、建筑节能理念下工程造价管理有效措施

（一）树立节能工程造价管理思想

工程造价管理应在建筑节能理念下实施，首先，应树立节能工程造价管理思想与概念。例如，在造价构成方面，需要用综合眼光看待和分析项目全生命周期内所需的使用与维护费用；在计价依据方面，应确立一些参考标准反应节能技术效果；在造价计算方面，应在生命周期内全部费用相加并折现；在造价评价方面，应立足于生命周期，不但对建造的建造费用进行对比，还要考虑到使用过程中产生的费用。其次，树立全过程成本管理思想，在实际管理过程中，应分别站在建设方、施工方、使用者的角度，对建造与使用成本进行控制，与时代前沿科技相结合，及时获取最新行业信息，为工程造价提供更加准确、透明、高效的信息服务。

（二）材料选择上的造价控制

在绿色建筑发展过程中，还有很多突出的特点，比如在建筑材料运用上，很多时候在选材设计上对室内温度要求稳定同时还要具有调节气候的材质，然而这种材料在选择时候不轻易见到，成本较高。同时，在进行绿色节能技术设计中，还有很多环节需要更加完善，比如如何普及太阳能热水器，多管道方便应用，排水技术如何更加合理化等都是绿色节能技术，目前尚未达到技术最优。现阶段，绿色科技发展速度越来越快，目前做的还不错的是绿色墙面，基本都是用生态植物构建而成，这种生态理念就会逐渐被应用到建筑设计中，这样就会对我们生活带来很多舒适度，给社会环境带来便利。

（三）提高科技创新与造价管理水平

一方面，建筑节能效率的提升离不开科学技术的创新，目前，我国建筑节能发展中，对建筑围护结构、空调、照明等提高重视度以外，还应大力强化科技创新力度，将可再生的清洁能源作为开发的重点，加强对风能、水能、太阳能等能源的应用，鼓励具有自主知识产权的科技创新；另一方面，工程造价管理人员也应在工作中树立现代化服务意识与建筑节能，积极创新工作方法，在国家环保政策与建筑节能之间发挥桥梁与纽带的作用，构建动态的工程造价监管平台，加强对建筑项目全过程的控制与监管，灵活利用市场信息对节能建材与工艺进行选择，有效降低工程造价。

（四）提高竣工验收环节预算管理的有效性

在工程后期的竣工验收环节务必加强审核与评估工作。首先要对后期的运营和维护等工作内容的支出进行考虑。设计环节中的一些问题是无法做到全面考虑的，这就要求后期的维护工作进行有效弥补，同样这些费用也是不可避免的，在竣工验收时可以考虑使用先

进技术弥补之前的施工缺陷，进而减少后期持久的资金输出。

现阶段我国施工技术还有很多不足，节能技术标准还有很多需要改进，难以严格标准实行，但是，我国实际耗能水平也在逐渐变好，已经取得一定进展，相信只要长期坚持节能技术开发与实践运用，在不久未来可以实现生态建筑。建筑单位只有坚持开展绿色节能建筑技术，严格控制工程造价，才能节约成本，严格管理，充分利用高科技发展建筑工程，才能最终实现建筑工程生态可持续化发展，为社会环境和国家发展做出一定贡献。

第八章　现代建筑工程项目造价管理

第一节　建筑工程造价管理现状

城市人口的迅速增长，使城市地区对大型建筑的需求也随之变大，各地的大型建筑工程项目数不胜数。随着建筑工程变得更庞大，影响建筑工程造价的因素也变得越来越多，工程造价的管理难度变得越来越大，如何管理好建筑工程的造价，对于承包工程的一方极为重要，关系到承包方的收益。如今，越来越多的人意识到了工程造价管理工作的重要性，使这项工作成为建筑工程建设的必要工作。本研究将浅要探讨当下建筑工程造假管理的现状及展望。

一、建筑工程造价管理现状

（一）建筑工程造价管理考虑问题不周全

现在虽然有越来越多的建筑商意识到了工程造价管理的重要性，并且开始着手制定这方面工作的相关制度，但是由于之前他们对这方面的工作长期不给予重视，导致其中大部分人在这个方面缺乏经验。现在大多数建筑商制定的建筑工程造价管理制度并不完善，总是会出现最终结算时建筑成本与预期不一致的情况，这是由于制定制度时没有将问题考虑周全。完整的工程造价管理制度的制定应该将所有有关工程成本的各方面因素都考虑进来。最为首要的是预算好购买工程施工材料的成本、需要支付给施工人员的工资成本、使用施工机械产生的成本以及其他很多小方面的成本，其中容易出问题的部分是对其他小方面的成本预算方面。大型工程中消耗资金最集中的地方虽然主要是材料成本、人工成本和机械成本，但是其他很多小方面的成本综合起来也会消耗很大一部分资金，这些资金一般都是零零散散的用掉的，每一个数额相对来说很小，所以不太能引起建筑商的注意，比如运输成本、工人生活成本等。很多时候建筑商在预算工程的造价时，不会精细地计算这些小方面的支出，而是凭感觉给出一个大概的估计值，导致误差一般都很大，在最终比较数据就会发现有很大的出入。这个问题就是实施工程造价管理工作时考虑问题不够全面造成的。

（二）建筑工程造价管理没有随着市场的变化而灵活变化

由于现在很多的建筑工程越做越大，所以整个工程的施工周期也变得越来越长，从开工到竣工用的时间一般都会达到一两年甚至更久。而在当今社会市场经济的背景下，很多时候同一种商品的价格会随着时间的变化而发生较大的变化，并不会一直保持不变。并且，人力成本也会随着市场的变化而变化。这些变化对于工程的造价具有非常大的影响，如果不把市场变化因素考虑进来，而是只以当时的市场情况制定工程造价管理方案，势必会出现问题。然而，很多建筑商中掌管制定工程造价管理方案的相关部门并没有很好的市场经济思想，在对建筑工程造价进行预算时，只以当时的市场情况为准，就片面地进行预算，不把市场变化的因素考虑进去，导致得出的数据存在十分大的偏差。对建筑工程造价的管理是为了对整个工程的成本能有一个较为清晰的了解，如果工程造价的预算误差太大，就达不到本来应该有的效果，使建筑商不明不白受损失。而保证数据的尽量准确，离不开对市场变化的考虑，建筑工程造价管理没有随市场的变化而灵活变化，是很多建筑商在进行造价管理时出现的问题。

（三）建筑工程造价管理中监管工作不到位

建筑工程的造价对于建筑商从一个建筑工程中获得的利润的高低有很大影响。因为如果建筑工程的造价增大，意味着建筑商需要投入更多资金，就会减少最终的获利。而如果能够缩减建筑工程的造价，就意味着建筑商需要投入的成本变少，相对而言，就能获得更高的利润。因此，有的建筑商为了获得更高的利润，会在建筑工程造价方面下手，通过减小工程造价来获得更加可观的利润。如果在保证工程质量的前提下，通过精细化的管理缩减工程的造价，是合情合理的。但是有的建筑商被利益熏心，他们会通过材料上偷工减料、施工上压缩施工周期等不合理的方式来减少成本，不顾及偷工减料对建筑质量的影响，这就导致很多“垃圾工程”的出现。这种现象一方面是少数建筑商太贪婪导致的，但更首要是另一方面的原因，即建筑工程造价管理过程中缺乏有关部门的监督。

二、改善建筑工程造假管理现状的几点对策

（一）培养全方位综合考虑的意识

要想做到全面考虑建筑工程造价中的所有因素，就要有细心与耐心兼具的素质，这两种素质需要慢慢培养。一方面，相关部门可以通过借鉴国内外相关工作的经验提升这方面的素质。另一方面，要学会总结自己工作中的不足，在每次建筑工程结束后，都需要总结出现的问题，并且找出问题的原因，这样在接下来的工作中就能有效避免类似问题的发生，使自己经验越来越丰富，工作也就做得越来越全面。培养全方位综合考虑的意识，需要不断总结相关经验，并且不断学习，不能够太过急功近利。通过这种做法，能有效防止在进行建筑工程造价管理时出现不全面考虑的问题。

（二）培养市场经济的意识

对于建筑工程造价管理方案与市场变化不相符，造成建筑工程造价管理没有达到目的的问题，最好的解决办法就是让相关部门接受培训。可以让它们学习有关市场经济变化规律的知识，让他们明白市场的变化对于建筑工程造价的影响是不可忽略的。这样有助于相关部门形成市场意识，这样他们就会在制定工程造价管理制度的过程中时时刻刻考虑市场的变化，并且对方案进行灵活的调整。考虑市场因素的建筑工程造价管理方案能让工程造价的预算更加准确可信，与最终实际的工程造价偏差会更小，参考意义也更大。这样才能起到建筑工程造价管理工作应有的作用，不会导致工作白费。

（三）监督部门增强监管力度

监管部门的监管力度不够，是建筑工程造价管理工作的一大不足。现在频繁出现的建筑质量问题就是监管部门监管不到位导致的。要想改变这种现状，就必须督促监管部门的工作，让他们增强监管力度，坚决严格按照要求对建筑商进行监督，防止非法缩减建筑工程成本的情况出现，不能让建筑工程的造价管理完全由建筑商说了算。这样，就可以有效保证建筑工程造价管理的合理性，减少问题建筑的出现。

三、建筑工程造价管理的展望

随着电子信息技术的飞速发展，电子信息技术已经渗透到人们日常生活和生产的各个方面。现在，几乎所有工作都能够通过应用电子信息技术而变得更加简。建筑工程造价的管理工作是一种数据处理量非常大的工作，且较为繁杂。而借助电子信息技术强大的数据处理功能，能很大程度上使建筑工程造价工作变得更加简单。所以，未来建筑工程造价的管理工作，将会由于电子信息技术的应用而变得不再那么繁杂。并且，通过电子模拟的技术，可得出建筑工程的模型，这样可以让建筑工程造价的管理工作变得形象具体，更加精细，数据也更加准确。

建筑工程造价管理工作是整个建筑工程工作中十分重要的部分，其意义十分巨大，因为通过这项工作，就可以在成本上可以判断一个建筑工程是否具有可行性。所以，在决定一个建筑工程是不是要建设前，首要的工作是对建筑工程的造价进行预算，这项工作是为了对建筑的成本有一个较为准确的把握。本研究对建筑工程的相关讨论以及做的相关展望，对于改善建筑工程造价管理工作具有一定的参考作用。

第二节　工程预算与建筑工程造价管理

为了能够在现阶段竞争激烈的市场中永保竞争力，提高经济效益，就必须采取一定经济措施，重视工程预算在建筑工程造价中的控制重要作用。就此，本节简要围绕工程预算在建筑工程造价管理中的重要作用及其相关控制措施方面展开论述，以供相关从业人员进行一定参考。

随着建筑行业不断发展，建筑工程造价预算控制作为工程建设项目的重要环节之一，对提升建筑工程整体质量发挥重要的作用，因此，做好造价预算的编制工作，培养和提升相关预算人员的综合专业素质水平，确保有效控制建筑工程整体质量，最大限度降低建筑工程项目实际运作过程中的成本。

一、建筑工程造价管理过程中工程预算的重要作用分析

（一）确保工程建设资金项目要素的有效应用

现代建筑工程项目建设的预算，主要构成为财务预算要素、资产预算要素、业务预算要素及筹资预算要素方面。在现阶段我国建筑施工企业中，科学合理配置相关要素，确保建筑企业现有资金的高效利用，确保企业内部所有资金项目要素应用到建筑工程项目中，最大限度减少资金要素的浪费，实现建筑工程综合性经济效益的获得。

（二）有效规范建筑工程项目的运作

做好工程预算管理控制工作，确保建筑施工企业开展高效组织活动，对工程建设项目的开发计划、招标投标、合同签订等工作的运作提供良好的技术保障。因此，工程预算管理工作的开展质量直接关系着建筑工程项目的建设实施过程，影响企业综合效益方面。

为实现建筑工程预算的控制目标，建筑工程施工企业在实际工程项目运作过程中，必须优先做好工程项目整体预算管理方案的规划工作，确保工程项目运作全过程与工程预算管理方案的数据一致性，保证工程项目实现合理控制造价成本。因此说，做好工程预算控制工作，有助于建筑工程企业获得更好地综合效益，提升企业市场的综合竞争力。

（三）推进建筑企业的经营发展

建筑工程施工企业应严格遵照自身的实际情况，规划设定发展方向和目标，全面系统地认识和理解建筑工程项目设计、施工过程中遵循的指导标准，持续不断地学习先进施工技术，在组织开展建筑工程项目造价管理过程中，实现基于工作指导理念的改良创新，确保建筑工程施工企业经营发展水平。

（四）确保工程造价的科学性与合理性

工程预算工作的开展对确保建筑工程造价的科学性和合理性具有重要作用，其存在主要是为建筑工程资金运作情况建立完善的档案，对投资人意向、银行贷款、后续合同订立具有积极的推动作用，从而有利于确保工程造价的科学性与合理性。

（五）进一步提高工程成本控制的有效性

对建筑工程造价进行控制管理，以工程预算为基础，围绕图纸和组织设计情况分析施工成本，从而有效控制施工中各项费用。对施工单位而言，施工中关键在于将成本控制与施工效益进行结合，确保二者间不会发生冲突，在确保施工质量的基础上控制成本，实现施工企业经济利润的最大化。

（六）提高资金利用率

基于预算执行角度，把控施工阶段和竣工阶段的资金和资源利用。以施工阶段为例，造价控制的效果和效率关系着工程项目的整体造价，因此，要注重预算把控和造价控制。在具体实践中通过构建完善的造价控制体系，实现施工阶段的资源统筹，采取工程变更控制策略，严格控制造价的变化范围。同时采取合同管理方法，从合同签订和实施全过程，加大对造价的控制，确保工程预算执行到位，减少资金挪用及浪费。

三、工程预算对建筑工程造价控制具体措施分析

（一）提高建筑工程造价控制的针对性

建筑工程造价控制工作贯穿于工程建设的全过程。在建筑工程建设过程中，善于运用工程预算提升与保障造价控制工作。利用工程预算的执行，提升工作的指向性，立足于建筑工程造价控制细节，更好地为预算目标的实现提供针对性的保障，确保建筑工程管理、施工、经济等各项工作的效率性和指向性。

此外，工程预算要利用建筑工程造价的控制平台建立有效性编制体系，将建筑工程造价控制目标作为前提，设置和优化工程预算体系和机制，确保建筑工程造价控制工作的顺利进行。

（二）提升建筑工程造价控制的精确性

精准的工程预算是进行建筑工程造价控制的基础，是建筑工程造价控制工作顺利开展的前提。因此，强化建筑工程造价控制的质量和水平，是现阶段建筑工程造价控制工作的有效路径。提高和优化工程预算计算方法的精准性和计算结果的精确性，避免工程预算编制和计算中出现疏漏的可能；针对施工、市场和环境制定调价体系和调整系数，在确保工程预算完整性和可行性的同时，确保建筑工程造价控制工作的重要价值。

（三）健全工程造价控制体系

建筑企业利用工程预算工作对工程造价进行全过程控制，通过建筑预算管理，落实建筑工程造价控制细节，通过工程预算的执行，建立监控建筑工程造价控制工作执行体系，在体现工程预算工作独立性和可行性的同时，促使建筑工程造价控制工作构想的规范化和系统化。

（四）提高工程造价管理人员的专业素质

项目成本控制管理具有高度的专业性、知识性和适用性，也要求相关的项目成本管理人员具有高水平的专业素养，确保所有的项目成本管理人员熟练掌握自身的专业能力，在熟悉自身能力知识的基础上，对施工预算、公司规章制度等相关知识进行进一步学习，不断完善自己，保持工程造价控制的高效性，减少设计成本，提高施工阶段的质量，使工程造价具有科学性。

简而言之，建筑工程预算管理工作是企业财务管理工作的前提，提高预算工作的科学性，有利于推动建筑工程顺利完成。因此，要重视工程造价控制，应用先进的信息技术实现工程预算管理工作，推进建筑工程企业的稳定有序发展。

第三节　建筑工程造价管理与控制效果

介绍了建筑工程造价的主要影响要素，分析了当前建筑工程项目造价管理控制中存在的问题，并阐述了提升工程项目造价管理控制效果的关键性措施，从而为企业创造更多的经济效益。

进入21世纪以来，我国的社会主义市场经济持续繁荣，城市化进程明显加快。在城市化发展过程中，建筑工程数量明显增多。如何提升建筑工程质量，在市场竞争中占据有利地位，成为各个建筑企业关注的重点问题。工程造价管理控制是企业管理的重要组成部分，也是企业发展立足的根本。为了实现建筑企业的可持续发展，必须分析工程造价的影响因素，发挥工程造价管理控制的实效性。

一、建筑工程造价的主要影响要素

（一）决策过程

国家在开展社会建设的过程中，需要开展工程审批工作，对工程建设的可行性、必要性进行分析，并综合考虑社会、人文等各个因素。在对工程项目的投资成本进行预估时，必须分析相关国家政策，把握当下建筑市场的发展规律，尽可能使工程项目符合市场需求。在对项目工程进行审阅时，需要选择可信度较高的承包商，确保项目工程的质量，避免“豆腐渣工程”的出现。

（二）设计过程

建筑工程设计直接关系着建筑工程的质量，且建筑工程设计会对工程造价产生直接性的影响。在对工程造价费用进行分析时，需要考虑人力资源成本、机械设备成本、建筑材料成本等。部分设计人员专业能力较强，设计水平较高，建筑工程设计方案科学合理，节省了较多的人力资源和物力资源；部分设计人员专业能力较差，综合素质较低，建筑工程设计方案漏洞百出，会增多建筑工程的投入成本，加大造价控制管理的难度。

（三）施工过程

建筑施工对工程造价影响重大，施工过程中的造价管理控制最为关键。建筑施工是开展工程建设的直接过程，只有降低建筑施工的成本，提高施工管理的质量，才能将造价控制管理落到实处。具体而言，需要注重以下几个要素的影响：

施工管理的影响。施工管理越高效，项目工程投入成本的使用效率越高。

设备利用的影响。设备利用效率越高，项目工程花费的成本越少。

材料的影响。材料物美价廉，项目工程造价管理控制可以发挥实效。

（四）结算过程

工程施工基本完毕后，仍然需要进行造价管理，对工程造价进行科学控制。工程结算同样是造价控制管理的重要组成部分，很多造价师忽视了结算过程，导致成本浪费问题出现，使企业出现了资金缺口。在这一过程中，造价师的个人素质、对工程建设阶段价款的计算精度，如建筑工程费、安装工程费等，都会影响工程造价管理的质量。

二、当前建筑工程项目造价管理控制存在的问题

（一）造价管理模式单一

在建筑工程造价管理的过程中，需要提高管理精度，不断调整造价管理模式。社会主义市场经济处在实时变化之中，在开展工程造价管理时，需要分析社会主义市场经济的发展变化，紧跟市场经济的形势，并对管理模式进行创新。就目前来看，我国很多企业在开展造价管理时仍然采用静态管理模式，对静态建筑工程进行造价分析，导致造价管理控制实效较差。一些造价管理者将着眼点放在工程建设后期，忽视了设计过程和施工过程中的造价管理，也对造价管理质量产生不利影响。

（二）管理人员素质较低

管理人员对项目工程的造价管理工作直接控制，其个人素质会对造价管理工作产生直接影响。在具体的工程造价管理时，管理人员面临较多问题，必须灵活使用管理方法，使

自己的知识结构与时俱进。我国建筑工程造价管理人员的个人能力参差不齐，一些管理人员具备专业的造价管理能力，获得了相关证书，并拥有丰富的管理经验；一些管理人员不仅没有取得相关证书，而且缺乏实际管理经验。由于管理人员个人能力偏低，工程造价管理控制水平很难获得有效提升。

（三）建筑施工管理不足

对项目工程造价进行分析，可以发现建筑施工过程中的造价控制管理最为关键，因此管理人员需要将着眼点放在建筑施工中。一方面，管理人员需要对建筑图纸进行分析，要求施工人员按照建筑图纸开展各项工作。另一方面，管理人员需要发挥现代施工技术的应用价值，优化施工组织。很多管理人员没有对建筑施工过程进行预算控制，形成系统的项目管理方案，导致人力资源、物力资源分配不足，成本浪费问题严重。

（四）材料市场发展变化

我国市场经济处在不断变化之中，建筑材料的价格也呈现出较大的变化性。建筑材料价格变化与市场经济变化同步，造价管理控制人员需要避免材料价格上升对工程造价产生波动性影响。部分管理人员没有将取消的造价项目及时上报，使工程造价迅速提升。建筑材料价格在工程造价中占据重要地位，因此要对建筑材料进行科学预算。部分企业仅仅按照材料质量档次等进行简单分类，当材料更换场地后，价格发生变化，会使工程造价产生变化。

三、提升工程项目造价管理控制效果的关键性举措

（一）决策过程

在决策过程中，即应该开展造价控制管理工作，获取与工程项目造价相关的各类信息，并对关键数据进行采集，保证数据的精确性和科学性。企业需要对建筑市场进行分析，了解工程造价的影响因素，如设备因素、物料因素等等，同时制定相应的造价管理控制方案，并结合建筑工程的施工方案、施工技术，对造价管理控制方案进行优化调整。企业需要对财务工作进行有效评价，对造价控制管理的经济评价报告进行考察，发挥其重要功能。

（二）设计过程

在设计阶段，应该对项目工程方案设计流程进行动态监测，分析项目工程实施的重要意义，并对工程造价进行具体管控。企业应该对设计方案的可行性进行分析，对设计方案的经济性进行评价。如果存在失误之处，需要对方案进行检修改进。同时，要对项目工程的投资额进行计算，实现经济控制目标。

（三）施工过程

施工过程是开展项目工程造价管理控制的重中之重，因此要制定科学的造价控制管理方案，确定造价控制管理的具体办法。企业需要对工程设计方案进行分析，确保建筑施工实际与设计方案相符合。在施工过程中，企业要对人力资源、物力资源的使用进行预算，并追踪人力资源和物力资源的流向。同时，企业应该不断优化施工技术，尽可能提高施工效率，实现各方利益的最大化。

（四）结算过程

在工程项目结算阶段，企业应该按照招标文件精神开展审计工作，对建设工程预算外的费用进行严格控制，对违约费用进行核减。一方面，企业需要对相关的竣工结算资料进行检查，如招标文件、投标文件、施工合同、竣工图纸等。另一方面，企业要查看建设工程是否验收合格，是否满足了工期要求等，并对工程量进行审核。

我国的经济社会不断发展，建筑项目工程不断增多。为了创造更多的经济效益，提升核心竞争力，企业必须优化工程造价管理和控制。

第四节　节能建筑与工程造价的管理

当前社会经济快速发展的同时，也给生态环境带去了严重的影响，在这种情况下国家强调要节能减排。建筑行业在快速的发展中，建筑就具有高能耗，所以，建筑行业进行变革是一种必然趋势，节能建筑的出现和发展受到了社会各界的关注，其对于居民居住环境的优化具有积极影响，所以，这就要加强对节能技术进行推广。但是节能建筑的造价通常也比较高，所以，要促进节能建筑的推广，提升项目效益，就需要加强造价管控，减少建设的成本，本节就分析了节能建筑与工程造价的管理控制。

建筑具有高能耗的特点，当前国内城市建筑在设计中约有超过 90% 的建筑未进行节能设计，很多建筑依然还是高能耗，就住宅来说，建筑中空调供暖能耗就占据国内用电总能耗的 25% ~ 30%，南方夏季和冬季是使用空调的高峰期，在南方的用电量高达全年的 50%。环境污染让大气层受到了严重的破坏，近些年来国内各地夏季高温季节时间长，在空调的用电量上也是在不断的增加，南方冬季一些恶劣天气日益增加，长期如此，高能耗建筑会让国内能源受到很大的挑战。按照统计国内每年的节能建筑要是能够增长 1%，就可以节约数以万计的用电量，可以有效的节省能源，所以，为了更好的推广节能建筑，就需要思考怎样有效的控制造价。

一、节能建筑与工程造价之间的关系

（一）节能建筑对于行业的主要影响

当前能源紧缺问题越来越严重，所以，怎样建立节能建筑，优化城市生态环境，就是建筑工程发展的一个重要方向。建筑行业需要将科学发展观以及建立节约型社会发展的理念进行融合，加强对节能建筑的开发，促进建筑物功能的发展。要提高建筑的使用效率以及质量，就需要采取多样化有效的措施科学的控制建筑材料，制定出最科学的施工方案，在节能环保的前提下，减少工程建设的成本。

（二）工程造价对于节能建筑的有效作用

节能建筑在施工中，工程造价就已经进行了严格的控制，要是施工方不能够全面正确的认识节能，选择材料存在不合理的情况，那么就会影响到建筑的节能性，并不能称作真正意义上的节能建筑，这样的建筑后期在各项资源方面的浪费问题也会很严重。工程造价在控制成本的基础上，还需要重视节能减排的理念，让建筑成本以及节能环保能够实现平衡。

（三）节能建筑和工程造价管理思想的变化

要想让节能建筑理念可以得到更好的推广和应用，造价工程师就需要对以往的造价管理思想进行改变，让工程造价不再限制在对建筑物成本进行控制，还需要全面的研究工程投入使用之后的成本，这样才可以让建筑物真正的做到节能，让建筑工程造价管理可以充分发挥出应有的作用，全面的监督管理建筑工程。

二、节能建筑与工程造价的管理控制

（一）以建筑造价管理为切入点分析建筑物节能

要促进建筑企业现代化发展，就需要注重建筑资源的选择，包含建筑使用时需要供应的各项资源。现代式建筑要求热供应、水资源以及点供应所使用的管道线路等要在墙体内部进行布置，且要让建筑物可以正常的使用，还要考虑每个地区的人们在住房方面的不同要求，在北方就需要注重建筑物内部热能供应，而要是在南方，就需要注重热水器设计，在节能建筑方面一个关键内容就是怎样科学有效的设计建筑。

第一，对于节能问题需要综合的进行分析，包括建筑技术的应用、材料应用、先进工艺和建筑设备等。在设计造价方案的过程中，工作人员需要先全面的调查研究市场情况，了解行业内的执行发展动向，要能够熟练地的使用高新技术和设备，进而对建筑造价方案进行合理的规划。需要以经济核算为中心设计造价方案，不仅需要实现建筑的节能，还需要兼顾企业的经济效益。所以，要想节约建筑中要用到的各种能源，就需要深度的思考各方面，如，建材选择、周围环境等等，虽然运用新材料可以节能，但是也需要结合实际情况，不然只会增加施工的难度，会让建筑技术成本增加，需要增加投入，影响到项目的效益。所以，这就对有关工作人员提出了较高的要求，需要确保能够及时、可靠的提供信息，为建筑节能工作的开展提供依据。除此之外，还需要构建完善的建筑造价工作管理体系，给造价管控工作的开展提供依据和规范。

（二）材料选择需要注重造价控制

在节能建筑发展中可以看到很多的亮点，比如，建筑材料的应用，在选择材料设计方面使用了稳定室内温度的同时也可以对气候进行调节的材质，这在过去是很难看到的，由于其成本较高，以及太阳能热水器的普及，多管道应用、排水技术合理化等，这些都让我们可以看到节能建筑理念的体现，在业内展会中也可以看到绿色科技的发展，比如，绿色墙面，就是由生态植物构建成的，这也被很多的建筑设计进行采用，可以给人们的生活带去更多的舒适感受。再比如，铝合金模板，在组装上比较方面，无须机械协助，系统设计简单，施工人员的操作效率高，这有利于节省人工成本。铝膜版还具有应用范围广、稳定性好，承载力高、回收价值高、低碳减排等优点，可以减少造价。

（三）构建主动控制、动态管理的造价管理体系

在节能建筑的造价管控方面，需要将这一工作渗透到建筑建设的各个环节。施工单位在施工前需要先做好预算，要主动的评估各个环节的建筑成本以及使用成本，以此为基础，合理的对工程整体的造价进行管理控制。施工单位在施工中，除了要全面的监督管理工程造价之外，还需要加强自己对于节能环保的认知，选择节能环保的新材料，引入先进的国际管理理念，让企业管理能够实现更好的发展，构建主动控制、动态管理的造价管理体系，进而让节能建筑造价管理体系可以充分发挥出作用。

（四）加强节能建筑的设计，控制成本

节能建筑的设计十分重要，需要对设计方面进行优化，进而为建筑后面的节能和造价管控奠定良好的基础。比如，在设计建筑内部热工选材方面，就需要注重减少热量的大幅度流失，避免出现供热能源没有必要的损耗，为了实现这一目标，在设计方面就需要进行优化，如，选择屋顶的材料时，需要确保热量不会从屋顶有太多的流失；在选择墙壁材料时，要基于科学的门窗设计确保室内通风换气良好的基础上，选择合理的隔热材料，在墙壁的内外选择合理的保暖或隔热材料；选择门窗的材料时，和传统的单层玻璃相比，双层真空玻璃的热量储备效果要更好。再比如，在设计内部采暖时，要确保建筑物适宜居住，就需要在设计的过程中注重考虑建筑物的朝向和地点，还有自然地理环境对建筑物采暖的影响等，进而合理的设计，让建筑物内可以有效的导热和散热，对室内热量储备进行自主调节，减少对空调等的使用，节省能耗，也可以减少成本。

（五）加强施工阶段的造价管控

施工阶段是工程建设中非常重要的一个环节，也是成本最高的一个环节，所以，这就更加需要注重对造价进行管理控制。在施工环节，就是在施工中实际检验企业的造价方案，要是有问题，就需要第一时间解决，并且要进行反思，吸取经验教训，对自己的体制进行健全。企业需要主动响应国家的号召，依据国家基本政策要求，推行节能环保理念，引进新的工艺，节省能源，保护好环境。在施工中设计人员需要强化自身专业节能的探究，不断提升自己的素质，加强节能环保的意识，且要坚持学习先进的管理理念，要结合实际环境情况制定相适应的施工方案。

综上所述，节能建筑是当前建筑行业发展的一个重要趋势，其符合经济效益以及可持续发展的要求，能够对居住环境进行优化，促进人们生活质量的提升，有效的利用资源。所以，为了促进节能建筑的发展，让建筑物实现真正意义上的节能，就需要在落实环保节能理念的同时，注重对造价进行管理控制，采取有效的措施，提升造价管控效果。

第五节　建筑工程造价管理系统的设计

一项建筑工程项目的管理工作具有十分重要的地位，而工程造价全过程动态控制工作是管理工作的重要内容，其可以影响整个建筑工程质量的高低以及进度的快慢。工程造价全过程动态控制工作又称作工程造价全程管理，其对于一个工程的整个过程都有着一定程度的影响，建筑工程的最初筹建但后期的结束以及建筑工程的质量检测，这一过程都离不开全过程工程造价管理工作，因为科学的落实造价全过程，可以确保整个建筑工程的最终利益。

随着我国经济水平的快速提升，我国的各个行业都在不断发展、发现新的管理体制，21 世纪是网络化的时代，因而网络信息化管理体制成为了我国众多领域的首选管理方法。该管理体制通过对大量数据的记录与分析，以达到有效的管理目的。而在建筑工程造价过程中，应用云计算系统对整个过程进行管理，已经成为建筑领域的主流。主要通过建立建筑工程造价系统，保证该系统能够全面适应造价管理机制，从而有利于造价监督管理的高效化和智能化，以此促进建筑行业的健康发展。本系统将计算机的特性高效利用，建立与建筑造价活动相关的资料信息系统，为建筑工程提供准确的工程造价服务。受我国经济的高速发展以及经济全球化的发展等因素的影响，导致我国建筑企业受到深远影响，大部分建筑企业开始加大对建筑工程造价全过程动态控制的重视程度，建筑工程在开展工作时相较于以前明显管理水平得到了提升，同时促进了建筑企业的进一步的发展。

一、管理信息系统概述

随着我国信息技术的不断发展，建筑工程的管理信息系统的定义也随之不断更新。目前，将管理信息系统分为两部分，分别是人和计算机（或智能终端）。管理信息又分为六个部分组成，分别是信息收集、信息传播、信息处理、信息储存、信息维持、信息应用。管理信息系统属于交叉学科，具有综合性的特点，该学科组成包括：计算机语言、数据库、管理学等。各种管理体制都离不开一项重要的资源，那就是信息，有质量的决策是决定管理工作优劣的重要调件，而决策是否正确取决于信息的质量，信息质量越高决策的准确率越高，因此，确保信息处理的有效性是关键的一部。

二、系统目标分析

每一个管理系统都有一个特定的功能目标，其目标具体指管理系统能够处理的业务以及完成后的业务质量。建筑工程造价系统可以通过图片、录像、文件、数据等方式来观察工程的进展情况，主要反映工程的质量、安全性以及工程成本。同时可以随时观察建筑工程完成程度、工程款的支出与收入情况、外来投资的使用情况等。建立有效完整的统计分析功能，以此方便建筑公司对基层建筑项目全方位的分析，进而通过比较分析工程的需要。另外，还能后通过工程造价管理平台计划，能够体现出计划与实际的差距，有利于后面工程的执行。配合构建合理的报表体系，该报表要确保符合国家相关部门的要求，同时符合建筑公司对业务管理的需求。建筑公司的各个部门均要严格按照要求制定报表，这样可以有效的减轻报表统计的工作量。

三、系统构架、功能结构设计

建筑工程造价管理系统的核心是数据库，任何一个工程处理逻辑均需要数据库做辅助，因此该管理系统中数据库有着不可替代的地位。其中，多个数据进行操作过程可以对应一个处理逻辑。为了稳定系统的性能，需要将系统的各项业务进行合理的分离处理，每一个业务活动都有与之相对应的模块，众多业务模块中，任何一个发生变化都会影响其他业务，系统设计时要将系统的扩展性考虑在内，这样能够减轻软件维护的工作量。系统的功能结构主要包括三个部分，分别是工程信息模块、工程模板模块、招标报价模块。首先，工程信息模块内容主要有项目信息、项目分项信息等。而资料中未提到的项目，应该根据实际情况做出相应的补充。工程模板模块的主要功能是，根据不同建筑工程的信息选择最适宜的造价估算模板。模板必须通过审核才能够被应用。最后，招标报价模块内容有，器材费、材料费、项目费用等。其主要功能有定期查询工程已使用材料的价格单、维护价格库、制定新建工程项目的报价单等。

综上所述，归根结底可以看出一项建筑工程的成功完成，永远离不开工程造价全过程动态控制分析管理工作的有效进行，其在保证最大经济效益的同时还能确保施工进度的完成速度。从建筑工程施工的最初计划指导到施工全过程的合理安排，都应严格根据已经落实制度进行施工，保证其科学性、安全性以及有效性，提高工作的效率，通过一系列的手段来达到高质量建筑工程的目的。

建筑工程施工活动需要有科学的管理体系作为支撑，在应用新型管理平台时，必须要兼顾多个管理项目，包括人员、资金以及其他物质资源等。管理者应当通过造价管理系统来全面地落实造价管理工作，不同工程的资金消耗情况不同，具体设定的工程造价也存有差异性，本节结合现代造价管理需求，探讨设计造价管理系统的方法。

计算机技术在工程管理环节中发挥的作用越来越多重要，在很多管理环节中，造价管理系统都可以发挥作用，科学的管理平台可以满足一些基础性的工程管理需求。针对当前的工程造价管理活动之中存在的问题，可以利用更多科学技术手段与数据资源来建设符合造价管理需求的综合化管控平台，管理者也要有意识地使用新的信息工具来辅助造价管控工作，本节提出设计新型造价管理系统的方法，并分析系统在工程结算等环节中的使用效果。

基于系统的需求的分析，建筑工程造价管理系统中，项目部、财务部、采购部、设计部、施工部等都是通过浏览器方式进行操作的即系统采用 B/S 模式。这些部在行政上既是相互独立的又是逻辑上的统一整体，都是为工程建设服务。用户管理子系统主要是用来管理参与建筑工程项目的所有人员信息，包括添加用户、修改用户信息、为不同的用户设置权限，当用户离开该工程项目后，删除用户。造价管理子系统主要是对工程建设中的资金进行管理，包括进度款审批、施工进度统计、工程资金计划管理、材料计划审批、预结算审核、造价分析等。工程信息管理子系统主要是对工程信息进行管理，包括工程项目的添加、修改、删除、项目划分，工程量统计等。

材料设备管理子系统主要是对工程所需要的材料和设备进行管理，包括采购计划的编写，招标管理、采购合同管理、材料的入库登记和出库登记。实体 ER 图是一种概念模型，是现实世界到机器世界的一个中间层，用于对信息世界的建模，是数据库设计者进行数据库设计的有利工具，也是数据库开发人员和用户之间进行交流的语言，因此概念模型一方面应该具有较强的表达能力，能够方便直接的表达并运用各种语义知识，另一方面它还应简单清晰并易于用户理解依据业务流程和功能模块进行分析，系统存在的主要实体有：用户实体、工程信息实体、分项工程实体、设备材料实体、定额实体、工程造价实体、工程合同实体等。

随着计算机技术及网络技术的迅猛发展，信息管理越来越方便、成熟，建筑工程信息管理也逐渐使用计算机代替纸质材料，并得到了推广和发展。本建筑工程造价管理系统采用当前流行的 B/S 模式进行开发，并结合了 Internet/Intranet 技术。系统的软件开发平台是成熟可行的。硬件方面，计算机处理速度越来越快，内存越来越高，可靠性越来越好，硬件平台也完全能满足此系统的要求。

建筑工程造价管理系统广泛应用于建筑工程造价管理当中，可以有效的控制造价成本，降低投资，为施工企业带来极大的利益收获。在控制施工进度和质量的前提下，确保工程造价得到合理有效的控制。从而实现施工企业的经济效益。本系统发经费成本较低，只需少量的经费就可以完成并实现，并且本系统实施后可以降低工程造价的人工成本，保证数据的正确性和及时更新，数据资源共享，提高工作效率，有助于工程造价实现网络化、信息化管理。建筑工程造价管理系统主要是对各种数据和价格进行管理，避免大量繁琐容易出错的数据处理工作，这样方便统计和计算，系统中更多的是增删查改的操作，对于使用者的技术要求比较低，只需要掌握文本的输入，数据的编辑即可，因此操作起来也是可行的。

四、工程造价管理系统分析

（一）建筑工程招投标环节

在进入到建筑工程的招投标阶段中之后，需要进行招标报价活动，利用造价管理系统来完成这一环节中的造价管控任务，招标人需要在设定招标文件之后，严谨检查招标文件，注意各个条款存在的细节问题，确认造价信息后需开启造价控制工作，为后续的造价控制工作提供依据，将工程相关的预算定额信息、各个阶段的工程量清单与施工图纸等核心信息都输入到造价管理平台中。

工程量清单的内容必须保持清晰明确，同时每一个工程活动的负责人都必须认真完成报价与计价的工作，具体的投标报价需要符合工程的实际建设状况，考虑到工程资金的正常使用需求的同时，还必须对市场环境下的工程价格进行考量，参考市场价格信息，工作人员还必须编制其他与工程造价相关的文件。

（二）建筑施工环节

施工环节是控制工程造价的重点环节，在前一个造价控制环节中，一些造价设定问题被解决，施工单位能够获取更加科学的造价控制工作方案，按照方案中具体的要求来展开控制工程成本的工作即可，但是实际施工环节中仍旧会产生一系列的造价控制问题，主要是受到了具体施工活动的影响，当施工环境的情况与工程方案设计产生冲突之后，工程的成本消耗会出现变动，工程造价也随之出现变化，因此这一建设阶段的造价控制工作必须要被充分重视。使用造价管理系统来核对实际的工程建设情况，是否符合预设的造价数值，一旦需要增加或者减少工程量，需要先向上级部分申请，确定通过审核之后，才可真正地对工程量进行调整，并且需要清晰记录造价变动情况，确定签证量信息，在后期验收环节中，还必须注意对项目名称进行反映，形成完整的综合单价信息之后，将其向造价管理平台中输送，出现信息不精准的情况之后，要联系相应的施工负责人，确定造价失控情况形成的原因，避免出现结算纠纷的问题，新型造价控制方法的优势体现在其具有的动态化特点，当实际的工程情况出现变化之后，可以在平台中随时修改数据。

（三）竣工结算环节

造价管理平台在最终的项目结算环节中也可以辅助造价控制工作，管理者可以直接字平台上对工程量数据进行对比，确定签订合同、招投标以及施工工程中的造价信息是否可以保持一致，验证造价管理工作的开展效果，将造价管理的水平提升到更高的层次上。

新型造价管理平台支持更多与造价相关的操作，一些既有的造价控制问题也被解决，工作人员可以使用新型信息化工具来调用造价数据库，增强控制工程造价的力度，综合造价管理水平被提升，多个环节中难以消除的造价管理问题被化解，工程资金损耗也被减少。

造价管理是当前大型建筑工程中的重点管理任务之一，建筑工程需要创造的效益有很多种，建设方的工程建设理念发生改变之后，工程建设工作的整体难度也被提升，因此一些新型技术手段必须在工程管理环节发挥作用。本节重点针对造价管理这部分需求，设计了可使用的管理平台，工程人员必须要参考正常造价以及成本管理任务来完善平台内部系统，以此保障依托于信息化科技的造价管理平台可被正常使用。

参考文献

[1] 赵志勇 . 浅谈建筑电气工程施工中的漏电保护技术 [J]. 科技视界，2017（26）：74-75.

[2] 麻志铭 . 建筑电气工程施工中的漏电保护技术分析 [J]. 工程技术研究，2016（05）：39+59.

[3] 范姗姗 . 建筑电气工程施工管理及质量控制 [J]. 住宅与房地产，2016（15）：179.

[4] 王新宇 . 建筑电气工程施工中的漏电保护技术应用研究 [J]. 科技风，2017（17）：108.

[5] 李小军 . 关于建筑电气工程施工中的漏电保护技术探讨 [J]. 城市建筑，2016（14）：144.

[6] 李宏明 . 智能化技术在建筑电气工程中的应用研究 [J]. 绿色环保建材，2017（01）：132.

[7] 谢国明，杨其 . 浅析建筑电气工程智能化技术的应用现状及优化措施 [J]. 智能城市，2017（02）：96.

[8] 孙华建 . 论述建筑电气工程中智能化技术研究 [J]. 建筑知识，2017，（12）.

[9] 王坤 . 建筑电气工程中智能化技术的运用研究 [J]. 机电信息，2017，（03）.

[10] 沈万龙，王海成 . 建筑电气消防设计若干问题探讨 [J]. 科技资讯，2006（17）.

[11] 林伟 . 建筑电气消防设计应该注意的问题探讨 [J]. 科技信息（学术研究），2008（09）.

[12] 张晨光，吴春扬 . 建筑电气火灾原因分析及防范措施探讨 [J]. 科技创新导报，2009（36）.

[13] 薛国峰 . 建筑中电气线路的火灾及其防范 [J]. 中国新技术新产品，2009（24）.

[14] 陈永赞 . 浅谈商场电气防火 [J]. 云南消防，2003（11）.

[15] 周韵 . 生产调度中心的建筑节能与智能化设计分析——以南方某通信生产调度中心大楼为例 [J]. 通讯世界，2019，26（8）：54-55.

[16] 杨昊寒，葛运，刘楚婕，张启菊 . 夏热冬冷地区智能化建筑外遮阳技术探究——以南京市为例 [J]. 绿色科技，2019，22（12）：213-215.

[17] 郑玉婷 . 装配式建筑可持续发展评价研究 [D]. 西安：西安建筑科技大学，2018.

[18] 王存震 . 建筑智能化系统集成研究设计与实现 [J]. 河南建材，2016（1）：109-110.

[19] 焦树志 . 建筑智能化系统集成研究设计与实现 [J]. 工业设计，2016（2）：63-64.

[20] 陈明，应丹红 . 智能建筑系统集成的设计与实现 [J]. 智能建筑与城市信息，2014（7）：70-72.